U0416640

酒香千年

酿酒遗址与传统名酒

肖东发 主编　董　胜 编著

中国出版集团
现代出版社

图书在版编目（CIP）数据

酒香千年 / 董胜编著. — 北京：现代出版社，2014.11（2019.1重印）
（中华精神家园书系）
ISBN 978-7-5143-3052-6

Ⅰ. ①酒… Ⅱ. ①董… Ⅲ. ①酒－文化－中国 Ⅳ. ①TS971

中国版本图书馆CIP数据核字(2014)第244356号

酒香千年：酿酒遗址与传统名酒

主　　编：肖东发
作　　者：董　胜
责任编辑：王敬一
出版发行：现代出版社
通信地址：北京市定安门外安华里504号
邮政编码：100011
电　　话：010-64267325 64245264（传真）
网　　址：www.1980xd.com
电子邮箱：xiandai@cnpitc.com.cn
印　　刷：三河市华晨印务有限公司
开　　本：710mm×1000mm　1/16
印　　张：9.75
版　　次：2015年4月第1版　2021年5月第4次印刷
书　　号：ISBN 978-7-5143-3052-6
定　　价：29.80元

党的十八大报告指出："文化是民族的血脉，是人民的精神家园。全面建成小康社会，实现中华民族伟大复兴，必须推动社会主义文化大发展大繁荣，兴起社会主义文化建设新高潮，提高国家文化软实力，发挥文化引领风尚、教育人民、服务社会、推动发展的作用。"

我国经过改革开放的历程，推进了民族振兴、国家富强、人民幸福的中国梦，推进了伟大复兴的历史进程。文化是立国之根，实现中国梦也是我国文化实现伟大复兴的过程，并最终体现为文化的发展繁荣。习近平指出，博大精深的中国优秀传统文化是我们在世界文化激荡中站稳脚跟的根基。中华文化源远流长，积淀着中华民族最深层的精神追求，代表着中华民族独特的精神标识，为中华民族生生不息、发展壮大提供了丰厚滋养。我们要认识中华文化的独特创造、价值理念、鲜明特色，增强文化自信和价值自信。

如今，我们正处在改革开放攻坚和经济发展的转型时期，面对世界各国形形色色的文化现象，面对各种眼花缭乱的现代传媒，我们要坚持文化自信，古为今用、洋为中用、推陈出新，有鉴别地加以对待，有扬弃地予以继承，传承和升华中华优秀传统文化，发展中国特色社会主义文化，增强国家文化软实力。

浩浩历史长河，熊熊文明薪火，中华文化源远流长，滚滚黄河、滔滔长江，是最直接的源头，这两大文化浪涛经过千百年冲刷洗礼和不断交流、融合以及沉淀，最终形成了求同存异、兼收并蓄的辉煌灿烂的中华文明，也是世界上唯一绵延不绝而从没中断的古老文化，并始终充满了生机与活力。

中华文化曾是东方文化摇篮，也是推动世界文明不断前行的动力之一。早在500年前，中华文化的四大发明催生了欧洲文艺复兴运动和地理大发现。中国四大发明先后传到西方，对于促进西方工业社会的形成和发展，曾起到了重要作用。

中华文化的力量，已经深深熔铸到我们的生命力、创造力和凝聚力中，是我们民族的基因。中华民族的精神，也已深深植根于绵延数千年的优秀文化传统之中，是我们的精神家园。

总之，中华文化博大精深，是中国各族人民五千年来创造、传承下来的物质文明和精神文明的总和，其内容包罗万象，浩若星汉，具有很强的文化纵深，蕴含丰富宝藏。我们要实现中华文化伟大复兴，首先要站在传统文化前沿，薪火相传，一脉相承，弘扬和发展五千年来优秀的、光明的、先进的、科学的、文明的和自豪的文化现象，融合古今中外一切文化精华，构建具有中国特色的现代民族文化，向世界和未来展示中华民族的文化力量、文化价值、文化形态与文化风采。

为此，在有关专家指导下，我们收集整理了大量古今资料和最新研究成果，特别编撰了本套大型书系。主要包括独具特色的语言文字、浩如烟海的文化典籍、名扬世界的科技工艺、异彩纷呈的文学艺术、充满智慧的中国哲学、完备而深刻的伦理道德、古风古韵的建筑遗存、深具内涵的自然名胜、悠久传承的历史文明，还有各具特色又相互交融的地域文化和民族文化等，充分显示了中华民族的厚重文化底蕴和强大民族凝聚力，具有极强的系统性、广博性和规模性。

本套书系的特点是全景展现，纵横捭阖，内容采取讲故事的方式进行叙述，语言通俗，明白晓畅，图文并茂，形象直观，古风古韵，格调高雅，具有很强的可读性、欣赏性、知识性和延伸性，能够让广大读者全面接触和感受中国文化的丰富内涵，增强中华儿女民族自尊心和文化自豪感，并能很好继承和弘扬中国文化，创造未来中国特色的先进民族文化。

2014年4月18日

美酒之源——杜康造酒

002 杜康感梦而巧手造佳酿
006 美名远扬的杜康仙庄
017 杜康造酒醉刘伶的故事

国酒至尊——茅台古酒

茅台酒的历史与文化 024
宋代茅台酒的酿造工艺 030
明清时期的茅台酒业 034

酒林奇葩——五粮液酒

042 五粮液产地宜宾酿酒史
047 千年老窖酝酿的五粮液

酒中泰斗——泸州老窖

泸州悠久的酿酒历史 054
泸州老窖开创新纪元 059
明清时期的泸州酒业 066

清香鼻祖——杏花村酒

074　杏花仙子酿造杏花村酒

080　南北朝时期的杏花村汾酒

唐代汾酒酿造工艺大突破　087

宋元时期汾酒的制曲酿酒　092

明清时期汾酒的繁荣振兴　096

第一酒坊——水井坊酒

水井街佳酿水井坊酒　104

110　水井坊遗址与酿酒工艺

美酒流芳——传统名酒

西凤酒的历史及酿造技艺　118

绍兴黄酒的历史及酿制　125

源远流长的李渡酿酒技艺　133

百花齐放的传统酿酒技艺　137

杜康造酒

杜康造酒遗址在河南汝阳城北25千米蔡店乡杜康仙庄，这里是我国秫酒的发源地，我国酒文化的摇篮，酒祖杜康在此创造了秫酒，开创了酿酒之先河。

杜康酒具有丰厚的历史文化底蕴，自夏代杜康始创以来，已有4000多年的历史。早在三国时代，魏武帝曹操《短歌行》中就有“何以解忧，唯有杜康”之句，更是把杜康酒文化推到了极致。在后世，人们将“杜康”用作美酒的代称，包含了丰富的文化韵味。

杜康感梦而巧手造佳酿

杜康塑像

早在我国的夏代，有位专门负责禹王宫廷膳食的庖正，也是禹王手下一名管理粮食的大臣，他的名字叫杜康。

有一天夜里，杜康梦见一白胡老者，告诉他将赐其一眼泉水，他需在的酉时到对面山中找到3滴不同的人血，滴入其中，即可得到世间最美的饮料。

杜康第二天起床，发现门前果然有一泉眼，泉水清澈透明。遂出门入山寻找三滴血。

杜康出门寻人的第三日酉时，遇见一位文人，便出口成章，吟诗作

■杜康泉

对，然后请其割指，滴下一滴血。第六日酉时，遇到一武士，杜康说明来意后，武士二话不说，果断出刀割指，滴下一滴血。第九日酉时，杜康见树下睡一呆傻之人，满嘴呕吐，脏不可耐，无奈期限已到，杜康慷慨解囊，用一两银买下其一滴血。

杜康得到三滴血后，迅速回转，将其滴入泉中。但见泉水立刻翻滚起来，热气蒸腾，香气扑鼻，品之如仙如痴。因为取血的时辰是“酉”，又用了9天时间和用了三滴血，杜康就将这种饮料命名为“酒”。

三滴血先后来源于秀才、武士、傻子，所以人们在喝酒时一般也按这3个程序进行：第一阶段，举杯互道贺词，互相规劝，好似秀才吟诗作对般文气十足；第二阶段，酒过三巡，情到胜处，话不多说，一饮而尽，好似武士般慷慨豪爽；第三阶段，酒醉人疯，或伏地而吐，或抱盆狂呕，或随处而卧，似呆傻之人不省人事、不知羞耻。

为了造出好酒，杜康又决定寻找天下最纯、最好

禹王 姓姒，名文命，字高密，史称大禹、帝禹，为夏后氏首领，夏王朝第一任君王。禹是黄帝的玄孙、颛顼的孙子。相传，禹治理黄河有功，受舜禅让继帝位。禹在53岁时，在诸侯的拥戴下正式即王位，国号夏，因此后人也称他为夏禹。

■杜康泉石刻

的泉水。他打点行装，离开家乡，踏上寻泉之路。也不知走了多少路程，杜康也没有找到满意的泉水。

这一日，杜康出龙门，沿着弯弯曲曲的伊水向南走去，只见一条小河百回千折，越往上走，河道越窄，河水越清。他翻山越岭，终于找到小河的源头。

杜康心中大喜，一时间浑身充满力量，他飞奔下山坡，来到小溪边一看。只见百泉喷涌，清洌碧透，真是难得的好泉，不禁开口吟道："千里溪山最佳处，一年寒暖酒泉香！"

杜康弯下身来，捧起泉水喝入口中，顿感清凉甘甜，浸肺入腑，余有酒香。他真是喜出望外，于是就在这里搭棚架屋，酿造美酒。

杜康筛选精粮，担来泉水，调配奇方，结果酿成的酒不仅香喷喷、甜滋滋，味美可口，而且还有一定的医疗功效。

据史籍记载，公元前770年，周平王因半壁江山被西戎蛮主侵占，不思饮食，卧床不起，于是便急招天下名医诊治。

杜康的后人献上了美酒，周平王饮用后振神增食，龙心大悦，遂封杜康酒为"贡酒"，杜康村为"杜康仙庄"。从此，杜康酒便名扬天下。人们将杜康列为酒神、酒祖，立庙享祀，逐渐形成了光辉灿烂的杜康文化。

伊水 即伊河，我国黄河南岸洛水支流之一，发源于熊耳山南麓的栾川县陶湾镇，蜿蜒流淌，穿伊阙而入洛阳，东北至偃师注入洛水，与洛水汇合成伊洛河。伊河、洛河撑起了河洛文化的一翼厚重，"伊洛文明"被称为"东方两河文明"。

在我国古代诸神中，敬祀有茶神和酒神。后人们尊茶神敬陆羽，酒神则敬杜康。

相传，杜康庙始建于东汉年间，是由汉光武皇帝刘秀赐建的。在河南地方志《伊阳志》中记有“杜康造酒处”。同页记载的还有“光武井”，释文为“光武井，在城北二十六里楼子庄西，相传光武夜宿饮水处，故名宿王庄。”伊阳就是现在的汝阳的旧称。

另据据《大元大一统志》记载：“杜康庙，伊阙旧县东南三十里处。”《大元大一统志》是元代官修的我国古代最大的一部舆地书，其“伊阙旧县东南三十里处”，正是汝阳杜康村的杜康造酒遗址。该遗址地处豫西伏牛山区、北汝河上游，史称“酒祖之乡”。

杜康庙自建立起来，便成了杜康村造酒人的精神支柱。2000多年来，唐、宋、明、清都曾予以修复或重建。在当地民众和各地酒坊、酒师的修缮保护下，日益气势恢宏，华彩璀璨。

杜康村曾发现汉末建安时期的酒灶遗迹，其中的出土文物有汉代盛酒的陶壶、陶罐80多件。另外还出土了古钱5000多枚，包括秦代的铲币，汉代的五铢钱、大布黄千、大泉五十、货泉及唐宋古币等，被视为难得珍品。这进一步说明，汝阳县杜康村就是当年杜康造酒的地方。杜康仙庄因此闻名遐迩，享誉天下。

阅读链接

自古以来，不仅酒坊和酒肆奉杜康为“酒神”，就连皇城内掌管酒醴馐膳之事的机构光禄寺也敬奉杜康。

据元人冯梦祥《析津志·祠庙仪祭》记载，在元大都北城光禄寺内建有杜康庙。元代的光禄寺掌尚饮局和尚酝局，尚饮局掌酝造上用细酒，尚酝局掌酝造诸王百官酒醴。元代礼部曾经拨道士一人在杜康庙看经，同时每日从光禄寺府库支酒一瓶，以供杜康。

美名远扬的杜康仙庄

杜康仙庄的入口处，有一个被称为园中之园的“香醇园”，建于杜康河东岸的龙山之巅。它是由3幢歇山式建筑构成的琉璃瓦屋面门楼，组合为杜康仙庄山门。

酿酒业祖师杜康剪纸画

这个香醇园颇有来历。相传，杜康由于善造美酒而闻名于世，曾博得历代皇帝赐赏，后来有个朝廷大臣，想利用杜康造酒秘方酿造美酒，以取宠于即将登基的太子。

这件事被杜康的后世弟子茅柴获悉，于是他立即将秘方与一坛老酒藏匿于龙山之巅，终于避免了被佞臣所占用。后来，人们为感谢茅柴冒险保护造酒秘方，就建造了香醇园来纪念他。

杜康仙庄山门明楼上镶有现代书画大师李苦禅所书“杜康仙庄”青石匾额。在山门两侧，各竖有约3米高的青石雕刻，其底座为6个壁面，其中两面表现的是淙淙流淌的杜康河水，清且涟漪，其余四面为神兽驮樽，形态各异，象征古老的名酿杜康酒是来自于奇特的佳泉杜康泉。

■古人饮酒读书图

在青石雕刻的座上，平卧着一个庞然大物，乃是龙头龟。酒龟背上驮着一个神兽，虎目狮口，龙爪象身，这是杜康当年的护坊门神。

相传，自从杜康开始在这里造酒，杜康河里就来了一只金龟，这金龟只饮泉中水，不沾异地食。杜康河上游有一眼甘泉叫“酒泉”，传说泉水是玉皇大帝天酒壶的酒浆，有仙酒之气，那金龟喝得多了，体态丰盈，心机灵通，能腾云驾雾，会呼风唤雨。

有一年夏天，天降大雨，山洪暴发，河水猛涨，眼看大水就要冲毁山庄，殃及杜康酿酒作坊。只见这只金龟在杜康河里翻上翻下，滚滚巨浪到这里便扭了头，村子、作坊安然无恙。人们都说，这只龙头金龟是玉皇大帝派来保护杜康造酒的神龟。

从此，杜康便将这只龙头金龟当作神灵供奉起来，世代人们都把金龟称为酒龟，认为它是“酒祖”

明楼 古代陵墓正前的高楼，楼中立庙谥石碑，下为灵寝，明楼前有石几筵。此外，明楼也指硐楼，我国古代北方乡居，楼房盖瓦者为暗楼，上层作雉堞形，供瞭望侦伺之用，称为明楼。

杜康的保护神。

照壁 我国传统建筑特有的部分，是大门内的屏蔽物。古人称之为“萧墙”。古人认为自己宅中不断有鬼来访，修上一堵墙，以断鬼的来路。另一说法为照壁是我国受风水意识影响而产生的一种独具特色的建筑形式，称“影壁”或“屏风墙”。

进入杜康仙庄的山门，通过“香醇堂”来到“祭酒坛”，可见一座精巧的照壁，壁下两头则是两员力士，弯腰弓背，鼎力支壁。传说，这两员力士是捍卫杜康造酒秘方的弟子。

登上坛边的“通玄阁”，有一个倒醉于毛驴背上的老翁塑像，是道教正一派第十一代张天师张通玄。

张通玄字仲达，天性静默，长期独坐一室，修炼长寿之法，周围的人都称他为奇人。传说，唐代武则天召见张通玄时，他已数千岁，唐玄宗李隆基召见他时，他自述曾在尧时当过侍中的官。唐代天宝年间，张通玄曾经一气喝了三大碗杜康酒，然后化作青烟，升天而去。

在杜康仙庄有一座石亭。石亭是用草白玉雕刻，高达5米，造型别致。绕过石亭，踏过33米的独拱，

杜康仙庄里的酒樽雕塑

■ 古人登高对弈饮酒图

有一座有18个龙口喷珠吐玉的“桑涧桥”。在旁边一片花木笼罩的草坪中间，有一怪石，样子很像一张古代的卧床，人称“醉仙石”。

传说，张果老成仙之前在此饮过杜康酒，从此便对杜康酒始终不能忘怀。后来由张果老请求玉皇大帝派“八仙”下凡，来招杜康为天宫酿酒御师。

“八仙”来到杜康村，仗着自己的海量，指名要最好的杜康酒喝。杜康见他们都是海量，怕把已经酿好的杜康酒全部喝完了，于是便把能醉人的酒母拿出来让“八仙”喝。

“八仙”每人刚喝一杯，便纷纷醉倒了。他们踉跄着向村东南走去，当走到这块石头边时，已是烂醉如泥，随即东倒西歪地躺在石床上。后来，村民们便称这块石头为“仙人卧榻”。

经“仙人卧榻”往前走便是背山面水，隐于丛林

草白玉 即大理石。古代常选取具有成型的花纹的大理石，用于加工成各种形材、板材，作建筑物的墙面、地面、台、柱，还常用于纪念性建筑物如碑、塔、雕像等的材料。大理石还可以雕刻成工艺美术品、文具、灯具、器皿等实用艺术品。

醉八仙塑像

之中的杜康祠。

杜康祠为唐宋廊院制格局，高低错落，虚实对比，布局均衡对称，纵横轴线分明，结构、造型、色彩则集汉、唐、宋、明、清之萃，表现了显著的时代风尚。

杜康祠最前面的一座悬山式建筑，便是该祠山门，其上悬挂着我国近代书画家李可染亲书的“杜康祠”匾额；檐柱上镌刻“魏武歌吟解忧句，少陵诗赋劳劝辞”楹联。

拾级步入山门，迎面乃是一尊3米高的仿青铜酒爵，玉液自爵内溢出，象征杜康佳酿源远流长。

酒爵的两侧为“龙吟”、“凤鸣”两座重檐四角亭。当年杜康造酒于龙山、凤岭环绕的空桑涧，就是后来的杜康村。龙吟亭下置《重修杜康祠碑记》；凤鸣亭下立《杜康仙庄八景诗题》碑。

祠内纵轴线正中为献殿，献殿内“饮中八仙”彩塑分列左右。杜康酒不仅醉了神仙，也让世人陶醉。

据传，唐代大诗人杜甫的祖父杜审言，曾任膳部员外郎、洛阳县丞。他非常喜欢饮酒，并自称杜康后裔，专饮杜氏家酒。

杜甫饮酒也不离祖风，曾吟“杜酒频劳劝，张梨不外求。”他在《饮中八仙歌》一诗中描写的八仙分别是苏晋、张旭、李白、崔宗芝、李琎、李适之、贺知章、焦遂。这8位名士，虽对酒兴趣不同，饮酒形态各异，但都与杜康酒结下了不解之缘。

杜康酒被历代文人歌咏。唐宋时期，文人赞杜康酒者甚众。白居易在《酬梦得比萱草见赠》中曰：“杜康能解闷，萱草解忘忧。”晚唐文学家皮日休尝居鹿门山，自号鹿门子，又号间气布衣、醉吟先生。既然自号“醉吟先生”，可见其是嗜酒之人。

北宋哲学家邵雍在《逍遥津》中说自己愿意“吃一辈子杜康酒”。邵雍是象数之学创始人，如此一个大学问家，居然愿意吃一辈子的杜康酒，可见杜康酒是多么令人神怡！著名词人苏轼也曾留下醉语：“如今东坡宝，不立杜康祀。”

献殿左右连以游廊通向左右10间厢房，其间分别设置10组群像，以真实的故事，生动的形象，展示了“酒”这柄双刃宝剑在我国历史长河中的功过。

盛唐酒八仙图

步入南厢房，有南宋女词人李清照的画像。李清照虽列不上酒仙酒圣，但她的诗词仍然离不开酒，她在《如梦令》中即说：“常记溪亭日暮，沉醉不知归路，兴尽晚回舟，误入藕花深处。”

金代文学家元好问在《鹧鸪天·孟津作》中写道：“总道忘忧有杜康，酒逢欢处更难忘。”从词中可知，杜康酒真

■杜康酒

是历久弥新，到了金代仍能引起文人墨客的倾心。

清代方文《梅季升招饮天逸阁因吊亡友朗三孟璿景山》诗：“追念平生肠欲结，杜康何以解吾忧。”

从杜康祠南侧的垂花门穿过去，便是杜康墓园。宽阔的甬道，从镌刻着“酒祖胜迹”的青石牌枋下直通杜康墓冢，墓前有清代康熙时期的“酒祖杜康之墓”石碑，立于赑屃背上，其左右两侧分别矗立着《酒祖杜康传略》与《重修杜康墓园铭》两个歇山式碑楼。

鹧鸪天 是词牌名。双调，55字，押平声韵。也是曲牌名。南曲仙吕宫、北曲大石调都有。字句格律都与词牌相同。北曲用作小令，或用于套曲。南曲列为“引子”，多用于传奇剧的结尾处。《鹧鸪天》还是一首民乐曲，胡琴演奏。

墓园西侧有一座硬山式卷棚顶建筑，即为魏武居。魏武帝曹操对杜康酒一直推崇备至。

东汉建安年间，曹操平定北方后，这一天晚上，明月皎洁，他置酒设乐，欢宴诸将。曹操回想自己破黄巾，擒吕布，灭袁术，收袁绍，深入塞北，平定辽东，纵横天下，颇不负大丈夫之志，不禁作《短歌行》慷慨而歌，其中有一段写道：

对酒当歌，人生几何？
譬如朝露，去日苦多。
慨当以慷，忧思难忘，
何以解忧，唯有杜康。

赑屃 在龙子的各类说法中，赑屃一般都排在九子之首。传说赑屃上古时代常驮着三山五岳，在江河湖海里兴风作浪。后来大禹治水时收服了它，它为治水作出了贡献。洪水治服了，大禹便搬来顶天立地的特大石碑，上面刻上赑屃治水的功绩，叫它驮着。

杜康酒随曹操的《短歌行》而传遍天下，“何以解忧，唯有杜康”成为千古绝唱。

在杜康墓园的东侧是一处廊院格局的小庭院，名曰古酿斋。相传周代时，杜康后人曾在这里整理总结出了我国最早的制曲、酿酒工艺规程，即“五齐”、“六法”。它要求造酒用的黑秫要成熟，投曲要及时，浸煮要清洁，要取用山泉之水，酿酒器物要优良，火候要适当。

民间传唱的一首酒歌，据称是杜康所作，歌词称：

三更装糟糟儿香，

■古人酿酒画像石

古代酿酒坛

日出烧酒酒儿旺，
午后投料味儿浓，
日落拌粮酒味长。

从这首酒歌中可知，杜康家族在酿酒的过程中，对何时投料、何时开火，是非常讲究的。

从魏武居再走过蕉叶门，沿回廊便是酒源展室。展示内有7组28尊彩塑，把杜康造酒的全过程生动形象地展现了出来。

酒源的对面，曾发现有商代的青铜爵、汉代陶壶、陶罐，秦、汉、唐、宋等朝代的制钱，以及战剑、铜锅，古代酿酒粉碎谷物的臼，书有“杜康仙庄”字样古代民间家什，以及建安时期的酒灶等数百件，为杜康酒文化提供了十分珍贵的资料。

与杜康墓园相对，通过杜康祠北的垂花门、七贤胜景、梅园，就可看到樱花茁壮的樱园。樱园的出口与一座小巧玲珑的水榭相接，站

杨贵妃醉酒图

古人酿酒画像砖

在榭台上眼前是湖光山色，紫气生烟。

湖面形似葫芦。传说“八仙”饮了杜康酒后，先后醉倒在地，酒醒升天后，在这里留下了铁拐李的葫芦印迹，故曰葫芦湖，湖中的玉带桥恰好束住葫芦腰。

湖中于荷叶桥同桩木桥相接之处，造一四角小亭，亭旁一草白玉少女沐浴像。相传，唐代美女杨玉环少时曾随族兄杨国忠进入皇宫，她看到宫娥彩女姿色超人时，便觉自愧容貌平平。

后来，杨玉环听说洛阳龙门宾阳洞佛祖为虔诚女子美容补面，便至此参禅，一连数日，容貌依旧。一气之下，杨玉环决心寻觅幽静之所隐居修行，于是来到景色如画的杜康仙庄。每日朝饮杜康酒，暮浴酒泉水，数月容艳大变，成为一代绝色佳人。

后来杨玉环被选入宫，初为寿王妃，后得唐玄宗宠爱，被封为贵妃。杨贵妃为报杜康泉美容之恩，在杜康仙庄修建了知恩亭。

在杜康河两岸，杜康祠门前有一个雕栏池，其中有一棵老态龙钟但枝叶繁茂的柘桑，人们都称之为酒树。

古时，这里叫空桑涧，杜康幼年经常在此牧羊。据说他一次偶然把剩饭倾于空桑，几天之后，发现空桑洞中的饭发酵后溢出了含有香味的脂水。杜康尝而甘美，遂得酿酒之方。那棵老柘桑就是当年杜康发现酒的奥秘的那棵空桑的后裔，故名“酒树”。

横跨杜康河99米的二仙九曲桥，沿岸百泉喷涌，最引人注目的是那座重檐六角亭，上悬“酒泉亭”的匾额。泉口青石栏杆虽已风化，但淙淙泉水仍是清洌碧透。这就是流传千古的酒泉，又称“杜康泉”，为当年杜康造酒取水之处。杜康泉，天愈旱而水愈旺，天愈冷而水愈暖。

在杜康河的东岸，凤山腰间有一座古朴别致的小院，里面有座茅草四面坡顶连环套建筑，院内高杆上悬挂黄底黑字的酒旗，这便是杜康酒家。

经过数千年岁月，明确提及杜康的诗词歌赋有100多首，可见历代诗人与杜康酒的情深意笃。此外在我国古代文献中，明确记载杜康造酒有20多部，如《酒诰》、《世本》、《说文解字》、《战国策》、《汉书》等。大量文字记载，传承了杜康酒文化，更使杜康仙庄名扬天下。

阅读链接

杜康文化名震国内，誉驰五洲，海内外知名人士，专家学者，文人骚客不少人慕名而来，留下了珍贵的墨宝。杜康仙庄酒祖殿的“杜康碑廊”中珍藏的67通书画碑刻就是最好的证明。在这些书画碑刻中，有已故书画大师李苦禅讴歌杜康与杜康酒的七律，高度评价杜康。有国际友人，原越南社会主义共和国国家主席黄文欢为杜康酒题写的“五洲飘香”等等。

酒的鼻祖是杜康，酒的发祥地是杜康仙庄。人们赞美杜康，讴歌仙庄，表达了对杜康酒的挚爱。

杜康造酒醉刘伶的故事

杜康酒

酒祖殿是杜康仙庄主体建筑，位于杜康祠院后正中，砖木结构，歇山重檐，由24根大柱构成四面回廊。回廊中间是抱厦，其形制具有的明显的宋、明、清相融合的特征。

在抱厦额枋上，悬挂着镌有“酒祖殿”3个黑底金字的匾额，是清末著名书法家爱新觉罗·溥杰在84岁高龄时所书，两边柱子上挂有“德存史策，纵万事纷争，称觞乃成礼义，功在人寰，任百忧莫解，借酒能长精神”楹联。抱厦前嵌一大型透雕券口，“八仙”醉饮的形象栩栩如生。

在抱厦大殿内，须弥座上神龛内是

■竹林七贤

汉白玉的杜康雕像，鹤发银须，风姿潇洒，神情温厚纯朴，左手抱坛，右手举爵，稳坐于当年造酒保护神龙头龟上。左侧墙上壁画是《杜康醉刘伶》的传说，右侧壁画是《杜康造酒》的故事。

“杜康造酒醉刘伶”的故事广泛流传于民间。

在魏晋时期，出现了有名的“竹林七贤”，他们是晋代的7位名士，即阮籍、嵇康、山涛、刘伶、阮咸、向秀和王戎。七贤中最爱喝酒的当属刘伶，他将饮酒之风发挥到了极致。

嵇康（224年—263年），字叔夜，三国时期著名思想家、音乐家、文学家、玄学家，又通绘画、书法。与阮籍等名士共倡玄学新风，为“竹林七贤”的精神领袖。他曾娶曹操曾孙女为妻，官曹魏中散大夫，世称嵇中散。

刘伶嗜酒如命，有一次，他打听到伏牛山北麓杜康仙庄的杜康酒味道醇厚，香郁浓重，曾作为宫廷御酒专供朝廷饮用，心想：要是不饱饱口福，岂不是终生遗憾！

这一天，刘伶出洛阳过龙门，朝杜康仙庄一路问来。在行至街头时，他看见一家酒肆，只见门口贴着一副对联，写的是：“猛虎一杯山中醉；蛟龙两盏海

底眠。”

刘伶不禁愣住了，究竟是何等的酒，能让店主人有这么大的口气？一问才知，这便是杜康酒肆。他心想：我倒要领教一下这酒力如何！这么想着，就走了进去。

刘伶来到了这间酒肆之中，只见一位老翁正在等客，问过姓名，老翁答道：“我就是杜康。客官是吃酒吧？”

刘伶知道杜康早已成仙，老翁这样说，他也不在意，只答道：“吃酒，吃酒。你店里好酒有多少？”

自称杜康的老翁神秘地说：“不多，一坛。”

刘伶顿时心生怀疑，不禁问道：“一坛？一坛酒够吃？”

杜康反问：“一坛酒还要供好多人喝哩，你能喝多少？”

刘伶道：“能喝多少？倾坛喝光也不会够的！”

对联 汉族传统文化之一，又称楹联或对子，是写在纸、布上或刻在竹子、木头、柱子上的对偶语句，对仗工整，平仄协调，是一字一音的中文语言独特的艺术形式。对联相传起于五代后蜀主孟昶。它是我国汉民族的文化瑰宝。

杜康笑了笑，说道：“喝一坛？三杯也不敢给你啊，你要吃过量了，我可是吃罪不起！”

刘伶傲然大叫：“三杯？你是怕我付不起酒钱？银两有的是，你就连坛给我搬来！”

杜康一听，又道：“客官，我的酒，凡来喝的人都是一杯，酒量再大，大不过两杯，你要执意多喝，请给我写个字据，出事了，我可不担干系。”

刘伶道：“那好，拿笔来！”

店小二赶忙拿出笔墨纸张，摆放停当。只见刘伶写道：“刘伶饮酒若等闲，每次饮酒必倾坛，设或此间真醉死，定与酒家不相干！”下款署上自己的名字，然后交给杜康。

杜康让店小二搬出那坛酒，放在刘伶的面前，任他喝去。刘伶一口下怀，顿觉甘之如饴，禁不住狂饮起来，顷刻之间，一坛酒见底，果然“必倾坛！”

刘伶饮罢坛中酒，已经醺醺大醉。他忘了给老翁酒钱，就东倒西歪、脚步踉跄地回到家中，迷迷糊糊地向妻子交代说：“我就要死了，你把酒具给我放在棺材里，然后埋到酒池内，上边盖酒糟。”说

刘伶醉酒浮雕

完，就没气了。

不知不觉，很快就过了3年。突然有一天，杜康来到村上找刘伶。刘伶的妻子问他有啥事？杜康说：“刘伶3年前喝了我的酒，还没给酒钱呢。”

刘伶妻子一听，怒火直冒：“你还敢来要酒钱，我还没来找你要刘伶的命呢！”

杜康忙说：“千万别急，刘伶不是死了，是醉了！你快领我到埋他的地方去看看。”

他们来到埋刘伶的酒池内，刨开酒糟，打开棺材一看，只见刘伶穿戴整齐，面容跟活人一模一样。

杜康上前拍了拍刘伶的肩膀，叫道：“刘伶！快起床啦！”

刘伶打了个呵欠，三年累积的酒气随着呵欠散发出来。他伸了伸懒腰，睁开眼睛，嘴里连声叫道：“杜康好酒！杜康好酒！”

从此，“杜康美酒，一醉三年”的传奇故事就传开了。

杜康仙庄里杜康河东岸有一个“刘伶池”，池旁有一刘伶醉卧的青石雕像。相传，刘伶醉死埋地后，酒化为水，渗入地下水脉，在这里涌出一汪清池，人们称之为“刘伶池”。

酿酒用的罐子

在杜康仙庄的北部还有一处“七贤胜景”。在奇石异卉组成的高台上，有7尊或立或卧，或呼或笑，形态各异、醉态可掬的草白玉雕像，他们就是“竹林七贤”。当年他们经常在杜康仙庄酣饮，借以发泄内心的苦闷和愤世嫉俗的感情。

杜康酒属浓香型，精选优质小麦、糯米、高粱为原料，并采取特殊工艺酿造而成。由于此酒酒质清亮、窖香浓郁、甘绵纯净、回味悠长，难怪有“杜康造酒醉刘伶”的故事，表达了人们对杜康酒的由衷赞美。

阅读链接

“竹林七贤”的风姿情调多表现于其饮酒的品位和格调上。汉魏之际，许多名士基于不同的角色而对酒的社会规范持不同立场。七贤善饮，亦表现出不同的酒量、酒德与酒品。如阮籍的饮酒是全身避祸是酒遁。再如嵇康喜饮，则注重怡养身心、营造生活情趣的正面价值。相较而言，刘伶饮酒是痛饮豪饮，他是在借酒所催发出来的原始生命力，使其心灵超脱。

“竹林七贤”面对政局的多变和人生的无常，通过饮酒，来提升心境，这是他们不同于一般人的品位与格调。

茅台古酒

国酒至尊

贵州茅台酒独产于我国的贵州省仁怀市茅台镇，世界三大蒸馏名酒之一，是大曲酱香型白酒的鼻祖，也是我国的国酒，拥有悠久的历史。

酿制茅台酒的用水主要是赤水河的水，赤水河水质好，用这种入口微甜、无溶解杂质的水经过蒸馏酿出的酒特别甘美。它具有酱香突出、幽雅细腻、酒体醇厚丰满、回味悠长、空杯留香持久的特点。其优秀品质和独特风格是其他白酒无法比拟的。

茅台酒的历史与文化

贵州仁怀茅台镇位于赤水河畔，历史悠久，源远流长。茅台镇历来是黔北名镇，古有“川盐走贵州，秦商聚茅台”的繁华写照。因河岸遍长马桑，故称“马桑湾”。

这里先秦时期土著居民僰人曾将一眼山泉砌为方形，遂改称“四方井”。僰人祭祀筑台，台栽茅草，谓之茅草祭台，简称“茅台”。

赤水河是一条神秘的“酒河”。史书记载：“赤水河，每雨涨，水色深赤，故名。”它源自贵州，至四川合川注入长江，全长523千

简称“茅台”的茅草祭台

赤水河河谷

米。河两岸美酒飘香，天下驰名。

相传，在山灵水秀的赤水河畔，曾经有一位月亮仙女将天庭仙草“紫楹仙姝”投于悬崖之上，仙草凝聚天地灵气，蕴结滋阴仙力，令山崖及河岸上的草木葱茏繁茂，生机盎然，河边的女子也因每日用河水洗浴而肌若美玉，容颜不老。

赤水河不仅美化了两岸山川，河水酿出的美酒也醇香浓郁。赤水河独特的地理气候特点，造就了这里绝佳的酿酒生态环境。层层过滤的山泉，结实饱满的高粱，加之这里流传千年的酿酒传统工艺，使赤水河成为激情四溢的我国美酒河。

茅台酿酒历史悠久，据传远古大禹时代，赤水河的土著居民濮人已善酿酒。早在2000多年前战国时期，赤水河两岸的青山绿水间就飘着美酒香，名醪不绝于世。

茅台云仙洞曾经发现40余件商周时期陶制酒器；遗址中的大口尊、陶瓶、陶杯确认为盛酒器、斟饮器、饮酒器，是当时的成组专用酒具。这些商周时期饮酒习俗的成组专用酒具，证明当时的人民已经掌握了酿酒技术，应当有大量酒的存在。

茅台河谷生产的酱香白酒，溯源可至秦汉。西汉史学家司马迁

■酿酒发酵池

《史记》记载：公元前135年，番阳令唐蒙出使南越，自巴蜀入符关，路经马桑湾，得饮当地出产的蒟酱，滋味鲜美。蒟酱就是槟榔药，它与粮食一起为原料，经过发酵，可以酿造成酒。

唐蒙完成征南越使命后，持蒟酱敬献于汉武帝。汉武帝饮之甚赞："甘美之。"其时，茅台地区辖于蜀，故这是对茅台地区酱香酒的最早赞誉。

虽然蒟酱酒比起后世的茅台镇酒来差之甚远，但其酱味是历代茅台酒家一直的追求。所以才有了茅台镇酱香白酒。

蒟酱酒的酒精度不高，秦汉时期又以糯米、高粱、大麦等酿酒，酒精度只有20度左右，凡酿必取酱味。后来发展出的酒中酒等酱香酒里，也流淌着秦风汉韵。

据史书记载，公元前111年，汉武帝平定南越后，曾经钦赐蒟酱酒犒劳将士。公元前110年，西汉王朝设南海、苍梧、郁林、合浦、交趾、九真、日南、珠崖、儋耳9郡，汉武帝又钦赐蒟酱酒以安抚诸郡。

由于汉武帝非常喜欢蒟酱酒，一时间西汉时期的长安、蜀地、南越等地曾出现蒟酱酒热。

在茅台附近合马罗村梅子坳的西汉土坑墓中，考

《史记》 西汉司马迁撰写的我国第一部纪传体通史。记载了我国从传说中的黄帝到汉武帝太初四年长达3000年左右的历史。《史记》是我国传记文学的典范，与《汉书》、《后汉书》、《三国志》合称"前四史"。

古工作者发掘出的400多件遗物中，有酒瓮4个、酒坛2个、酒罐4个、铺首衔环酒壶2个，这些都是储酒和盛酒器。

饕餮 传说中龙的第五子，是一种想象的神秘怪兽。其状如羊身人面，其目在腋下，虎齿人爪，其音如婴儿。饕餮性好食，多立于鼎盖，所以古代钟鼎彝器上多刻其头部形状作为装饰。

酒瓮约容80斤至100斤不等；酒坛约容10斤；酒罐、酒壶约容3斤。其中的铺首衔环酒壶中的铺首图，是饕餮兽首像，是使人望而生畏的森严等级图案，象征有钱人或上层人物使用的专用酒器。

其余涉及证明生产的砍刀、铁锯、铁锸、铁釜等生产工具，与发展酿酒原料的粮食有关，说明当时着重粮食生产；证明生活的陶釜、铜釜、陶甑、陶篮、刻刀、陶盒、陶罐、陶盆等生活用具，与酿酒的蒸煮、祭祀、盛物、记事有关，说明当时具有整套酿酒的工具。

另外，汉代的五铢钱、大泉五十、大布黄千等的钱币种类，与酒成为商品与货币交换有关，证明当时形成规模性的酿酒能力已具备条件，而储存酒是为提

■茅台酒

■茅台酒

高酒的质量与市场竞争。

这些汉代遗物，表明了茅台酒在西汉时期已有规模性的酿造能力，掌握储酒技术。

茅台银滩葫芦田发现的东汉铜鼓，称茅台铜鼓。该铜鼓一面，束腰形，重18.15千克，通高33厘米，面径57厘米，足径57厘米，表面饰弦纹、芒纹、蝉翼纹、锯齿纹、游旗纹、翔鹭纹、蜗纹、辨索纹，造型凝重、纹饰清晰，叩之音响浑厚。

该铜鼓发现于茅台，与西汉早期的卢岗咀汉代遗址、大渡口东汉砖室墓、梅子坳西汉土坑墓、商周遗址相邻。从大量酒具来看，说明当时饮用酒的条件较好。从这些墓葬和遗址遗物分析，这一带当时已有人口集中的城镇，进行规模性的酿酒，厚葬的习俗证明，这一带当时没有战争的痕迹，人民生活较为稳定。

这些制造精美的铜鼓，用途只有作为庆典中的号召乐器，在祭祀、婚姻、表葬、喜庆节日等仪式中击鼓，使仪式祭酒和群体宴席饮酒更为庄严隆重。

茅台古酒不仅历史悠久，而且具有深厚的酒文化。茅台河谷酿酒人自古就有重阳祭水的习俗。因为赤水河谷能酿出闻名于世界的优质酱香型白酒，是母亲河赤水河对居住此间子民的厚爱和恩赐。没有赤水河就没有茅台镇酒，茅台人任何时候都忘不了赤水河的哺育之恩。

茅台重阳祭水活动传统而隆重。祭台肃穆辉煌，旗幡彩饰，蟠龙雄狮，酒坛酒罐，酒爵酒樽，列台左右。从业人员及贵客嘉宾身着盛装，乐师鼓手，手持乐器，似水如潮，汇于台前。

首先击鼓9通，鸣炮9响，主祭人随飞天仙女自祭台第一层上至第三层行礼敬香。旋即下至祭台第二层共嘉宾一道向河神敬酒三巡。随之主祭人宣读祭文，读毕焚于钵中。之后，各坊酒主、酒师随金童玉女乘龙舟净处取水。

圣水取回后，坊主、酒师再行礼数，操作下沙。至此，一年一度酿酒的第一轮次便开始了。

赤水河酿造的酒，在当地人中具有举足轻重的意义。在这里，小孩出生要喝三朝酒，女儿出嫁要喝姑娘酒，客人来了要喝敬客酒，节日要喝鸡头酒。在这里，酿酒、藏酒、饮酒、酒礼和酒规已形成一种历久弥新的酒文化。酒，已经浸透在赤水河流域人们的劳作、生活、社交等各个方面。

千百年来，在赤水河两岸，风中飘浮着酒的歌谣，河里流淌着酒的余味，赤水人家的生活已离不开酒。

阅读链接

贵州流传着一个有关茅台酒的美丽传说。相传有一年除夕，茅台镇突然大雪纷飞，寒风刺骨，镇上住有一李姓青年。有一天夜里，他梦见天边飘来一位仙女，身披五彩羽纱，手捧熠熠闪光的酒杯，站立面前。仙女将杯中酒倾向地面，顿时空中弥漫了浓郁的酒香，并出现了一道闪烁的银河。

李青年一觉醒来，推门一看，但见一条晶莹的小河从家门口淌过，河面上飘过来阵阵酒香。后来，当地人就用仙女赐予的河水酿酒，用“飞仙”图案作为茅台镇酒的标志。

宋代茅台酒的酿造工艺

茅台酒历史悠久，其酿制工艺经历代发展而来。在唐宋时期，仁怀已成酒乡，酿酒之风遍及民间。

唐代茅台河谷生产大曲酱香型白酒，人们多称之为酱酒。唐人有文记载说，酱酒的外观无色或微黄，透明、无悬浮物、无沉淀；具有

酒坊

■酿酒蒸馏工艺

酱香突出、优雅细腻、醇和丰满、回味悠长、空杯留香的独特风格。

到了宋代，北宋政府于1109年在仁怀设县，提高了行政级别，更是促进了茅台地区酱香酒业的发展。

宋代的酿酒工业，是在汉唐的基础上进一步普及和发展起来的，在我国酿酒史上处于提高期和成熟期。北宋大量酿酒理论著作问世，蒸馏白酒出现，标志着酒文化的成熟和大发展。

宋代茅台酿制的优质大曲酒“风曲法酒”盛行于市。宋代琐记名家张能臣曾以质量佳美而将此酒载入他写的《名酒记》一书中。此书是我国宋代关于蒸馏酒的一本名著，列举了北宋时期的名酒223种，是研究古代蒸馏酒的重要史料。

南宋时期，都城临安及江南一带的人都喜饮酱香酒，蜀商常贩酱香酒去销售。云贵川广大地区人民也颇喜欢酱香酒，酱香酒的需求量陡增，酱香酒业也因此空前发展。

除京城临安外，其他城市实行官府统一酿酒、统一发卖的榷酒政策。酒的质量有衡定标准，酒按质量等级论价。每个地方，都有自己

■酿酒制曲工艺雕塑

的代表性名酒。当时茅台地区酱香酒被定为甲等质价，为蜀中代表性名酒，称为“益部烧”，属江阳郡酒库管理。

宋代不仅酿酒管理方面已相当完善，技术方面也相当成熟。而茅台河谷酒的制曲工艺及蒸馏、储存、勾兑技术等都是很独特的。

制曲技术是我国特有的民族遗产，最早可溯至商周。春秋战国时期品种已达7种之多。制曲主要是用小麦，配上百余种中药材，高温生菌而成。我国传统制曲利用天然微生物开放式制作，既适于曲菌生长，又利于抑制杂菌。故制曲季节是保证制曲质量的重要条件。

宋代白酒生产曲的种类较多，按其形状和原料配制可分为大曲、小曲、麸曲。大曲按品温可分为高温

重阳节 又称“踏秋”，在每年的农历九月初九日。是我国传统祭祖节日，早在战国时期就已经形成，到了唐代，重阳被正式定为民间的节日，此后历朝历代沿袭。庆祝重阳节一般会包括出游赏景、登高远眺、观赏菊花、遍插茱萸、吃重阳糕、饮菊花酒等活动。

大曲、中温大曲、低温大曲；按作用原料可分为酱香型大曲、浓香型大曲、清香型大曲、兼香型大曲。茅台河谷多用酱香型大曲。

茅台酱酒的生产，于每年重阳节前后投料，分下沙、糙沙两次投料；以曲养曲，以酒养糟养窖。同时，茅台酿酒采用开放式固态发酵，多轮次晾堂堆积高温开放式发酵与适时入窖封闭发酵相结合。然后高温蒸馏，量质取酒。

经过9次蒸馏7次取酒后，按酱香、醇甜、窖底香3种典型体和不同轮次，分别用陶制酒坛储存3年以上，再取出不同轮次、不同典型体、不同酒龄的原酒进行勾兑，生产出成品。

宋代茅台酱酒由于酵藏时间长，易挥发物质少，所以对人体的刺激小，有利健康。酒中易挥发物质少，对人的刺激小，不上头，不辣喉，不烧心。

宋代茅台酱酒有酸、甜、苦、辣、涩5种味道，酸度能达到其他酒的3至4倍。根据中医理论，酸主脾胃、保肝、能软化血管。道教、佛教也很重视酸的养身功能。

宋代茅台酱酒的酒精浓度53度左右，酒精浓度在53度时水分子和酒精分子缔合得最牢固。再加上此酒还要经过长期贮存，所以缔合更加牢固，随着贮存时间的增长，游离的酒精分子越来越少，对身体的刺激也越来越小，有利健康。所以喝酒时感到不辣喉，醇和回甜。

阅读链接

茅台酒香气成分达110多种，饮后空杯，长时间余香不散。有人赞美它有“风味隔壁三家醉，雨后开瓶十里芳”的魅力。

茅台酒香而不艳，它在酿制过程中从不加半点香料，香气成分全是在反复发酵的过程中自然形成的。它的酒度一直稳定在52至54度之间，曾长期是全国名白酒中度数最低的。具有“喉咙不痛、也不上头，能消除疲劳，安定精神”等特点。

明清时期的茅台酒业

明代万历年间，万历皇帝派大将李化龙率军平播州，即现在的贵州市。官军驻守期间，由于战争的艰苦，需要酒的供给，播州当地作坊大量烤酒供应。

明代酒坊场景

当时的播州生产的粮食并不丰富，酿酒原料有限，各作坊只好将原来的酒糟加入少量的粮食、大曲再次发酵蒸烤。这样蒸烤出来的酒比原来节约原料，出酒率不减，称翻沙酒。

■明代酒器

翻沙酒充分利用了酒糟中的淀粉，节省来源不足的高粱、小麦等原料。翻沙酒虽酒体稍薄，但醇香突出，很受官军喜欢。

明代创造出来的“翻沙工艺”，缓解了当时的粮食不足，在民间盛行“翻沙工艺”烤酒，并自作锡壶酒具饮酒。

在仁怀发现明代窖藏酒具10多件，其中锡壶5件，从执壶到提梁壶、从单提梁壶到双提梁壶、从无支架到有支架、再从斜腹到鼓腹，是一个适用过程到审美过程的成组酒具，证明了这是仁怀“翻沙工艺”酿造时期的酒具。

到了清代，茅台酒业获得了巨大的发展。尤其在清乾隆时期，仁怀没有发生战事，人民生活基本稳定。在粮食充足，酿酒原料丰富的情况下，以茅台为中心的酒作坊，将酒糟改为纯粮制成酒醅，将“翻沙工艺”改进为“下沙工艺”、“造沙工艺”，将一次发酵一次蒸烤改进为多次发酵多次蒸烤。这样改进以后，酿出的酒继承了酱香突出的酒味，使酒体更加醇厚丰满。

执壶 又称“注子”、“注壶”，隋代出现的酒具。最初的造型是由青铜器而来，南北朝早期的青瓷当中，已经完成了这种执壶的造型。其后在唐宋两代是金银器中的一种酒具。它呈盘口，短颈、鼓腹，圆筒形或六角形短直流、曲柄，壶体较矮，鼓腹，假圈足。唐中晚期大量流行。

古代酿酒场景

清乾隆年间的1745年，贵州总督张广泗奉旨开修赤水河河道后，舟楫抵达茅台，茅台成为川盐入黔水陆交接的码头。

茅台盐业大盛，商贾云集，盐夫川流不息，对酒的需求与日俱增，刺激了酿酒业的发达和酿酒技术的提高。当时的盐商华氏家族等在茅台创办烧坊，开发酒业。茅台地产酒通过盐商走进重庆、成都、昆明、上海等大都市，小有名气。

盐商聚集茅台，对茅台河谷酒业的发展起到了助推作用。最为著名者如四川盐法道总文案仁岸“永隆裕”盐号老板华联辉，与其弟贵阳“永发祥”盐号老板华国英，兴建“成裕烧房”。此外还有“王天和”盐号老板王义夫与茅台地区富绅石荣霄、孙全太兴建的“荣太和”烧房。可见川盐入黔对茅台河谷的酱香白酒业发展的助推作用是不可小觑的。

到了1876年，四川总督丁宝桢改革川盐运销制度，实行官运商销。以遵义人唐炯为总办，遵义人华联辉为总局文案。亦官亦商的华家设在茅台村的“永隆裕”盐号在华联辉指示下，一年后在“茅台烧房”废墟上再建酒房，名“成裕酒房”，生产茅台烧。后“成裕酒房”沿袭清乾隆时就有的“成义号”更名为“成义酒房”。其生产的酒，改名“回沙茅酒”。

盐法道 官名。1191年，清政府改各省运使为盐务正监督，省盐法道，改置副监督，统辖于盐政大臣。亦省称“盐道”。掌管一省盐场生产、估平盐价、管理水陆运输事务，或兼任分守分巡道。有的省份不设，四川则称盐茶道。

继“成义酒房”之后10年，县人石荣霄、孙全太、王立夫合股联营开办“荣太和烧房”。这与清道光以前用“烧房”名酒厂完全一样。后因孙全太退股，荣太和烧房更名为“荣和烧房”，生产的酒名“荣和茅酒”。

1862年，赖茅鼻祖赖嘉荣先祖在贵州茅台镇创办“茅台烧春”酒坊。赖嘉荣继承祖业后，于1902年突破了历史上酒类酿造的传统工艺，独创“回沙”工艺和复杂的酿酒技术，研究出风格最完美的酱香大曲茅酒，赖氏茅酒由此名扬天下，后世称“赖茅”。

1915年，北洋政府农商部把贵州省仁怀县茅台村产的“回沙茅酒”、“荣和茅酒”，以“茅台造酒公司”名义送出，统称“茅台酒”，参加由美国倡导在

■ 茅台酒在“巴拿马万国博览会”上获得金奖

旧金山举行的“巴拿马万国博览会”展出并获得了大奖，成为世界三大蒸馏酒之一。“茅台酒”从此誉满全球。

对于清代仁怀茅台生产的美酒，清代有许多官方记载。据清代《旧遵义府志》所载，道光年间，“茅台烧房不下二十家，所费山粮不下二万石”。

清光绪年间成书的《近泉居杂录》中，记载了茅台烧酒的酿造技艺：

> 茅台烧酒制法，纯用高粱作沙，蒸熟和小麦面三分，纳粮地窖中，经月而出蒸之，既而复酿，必经数回然后成；初曰生沙，三四轮曰燧沙，六七轮曰大回沙，以次概曰小回沙，终乃得酒可饮，品之醇，气之

竹枝词 是一种诗体，是由古代巴蜀间的民歌演变过来的。其作品大体可分为3种类型：一类是由文人搜集整理保存下来的民间歌谣；二类是由文人吸收、融会竹枝词歌谣的精华而创作出有浓郁民歌色彩的诗歌；三类是借竹枝词格调而写出的七言绝句，这一类文人气较浓，仍冠以“竹枝词”。

■古代酿酒工艺

清代酒馆场景复原图

香，乃百经自具，非假曲与香料而成，造法不易，他处难以仿制，故独以茅台称也。

清代还有许多吟咏过茅台酒的诗人，如张国华、卢郁芷等。

张国华是清代中期贵州省颇有名气的学者。清道光初年，他途经茅台时，曾经写下了《茅台村竹枝词》二首：

一座茅台旧有村，糟邱无数结为邻。
使君休怨曲生醉，利锁名缰更醉人！
……
于今好酒在茅台，滇黔川湘客到来。
贩去千里市上卖，谁不称奇亦罕哉！

这两首竹枝词，是至今犹存的最早赞誉茅台酒的诗歌。据说，当年张国华来到茅台镇，在河滨一家酒店开怀畅饮，酩酊大醉，乘兴向

古代茅台酒包装瓶

店家要来笔墨，在壁头上题写了这两首竹枝词。

卢郁芷是清同治时期贵州仁怀县冠英乡人，平生纵情山水，甚喜饮酒咏诗。他寓居仁怀县城时写的《仁怀风景竹枝词》6首中，有一首就是专门写茅台酒的：

茅台香酿酽如油，三五呼朋买小舟。
醉倒绿波人不觉，老渔唤醒月斜钩。

寥寥数语，把茅台酒色香味的甘醇芳郁描绘得出神入化，是一首不可多得的通篇描写茅台酒的好诗。

美酒丰富了诗人的灵魂，扩大了诗人的视野。诗和美酒都是琼浆，沉醉了亿万读者的心灵，它将像茅台酒一样永远流光溢彩，为人们钟爱倾倒。

阅读链接

茅台酒酿酒技艺被批准为国家级非物质文化遗产。通过对“成义”烧房烤酒房、“荣和”烧房干曲仓、“荣和”烧房等10余处遗址群进行系统的考察和资料整理，认为工业遗址群见证了茅台酒工业文化的辉煌发展历程。

茅台酒酿酒工业遗址群，是清代以来民族工业从艰难前行一直到不断发展壮大创造辉煌的历史见证，也是茅台酒酿制工艺的实物载体，对茅台酒酿造工艺申报世界文化遗产具有重要的支撑作用。

五粮液酒

五粮液为大曲浓香型白酒，产于四川宜宾，用小麦、大米、玉米、高粱、糯米5种粮食发酵酿制而成，在我国浓香型酒中独树一帜。五粮液古窖池群是我国唯一最早的地穴式曲酒发酵窖池群，证明五粮液酒已有六七百年的历史。

宋代宜宾姚氏家族私坊酿制的“姚子雪曲”是五粮液最成熟的雏形。明代宜宾人陈氏继承了姚氏产业，总结出陈氏秘方，时称“杂粮酒”，后由晚清举人杨惠泉改名为“五粮液”。

五粮液产地宜宾酿酒史

我国四川宜宾自古以来就是一个多民族杂居的地区。聚居此地的各族人民依托世代承传的习俗和经验，曾经在不同的历史时期，酿制出了各具特色的美酒。

例如：先秦时期当地僚人酿制出了清酒；秦汉时期僰人酿制的蒟酱酒；三国时期鬏鬏苗人用野生小红果酿制的果酒等，都是当时宜宾

古代酿酒工艺

地区少数民族的杰作，无不闪烁着我国古代人民对酿酒技术的独到见解和聪明才智。

■古代酿酒发酵工艺

到了南北朝时期，彝族人采用小麦、青稞、大米等粮食混合酿制了一种咂酒，从此开启了采用多种粮食酿酒的先河。

咂酒因其饮酒的方式而得名，酿时先将粮食煮透、晾干，再加上酒曲拌匀，盛于陶坛中，用稀泥将坛口密封，并用草料覆盖，让其发酵，十余天即成。饮用时，揭开泥封，往罐内注水，饮酒者每人持一根竹管直接从罐内吸饮，一边喝一边加水，直到没有酒味为止。

在唐代时，宜宾称戎州，当时官坊用4种粮食酿制了一种“春酒”。唐代大诗人杜甫大约在743年到了戎州，当时的戎州刺史杨使君在东楼设宴为他洗尘。杜甫尝到了春酒和宜宾的特产荔枝，即兴咏出《宴戎州杨使君东楼》诗一首：

胜绝惊身老，情忘发兴奇。

座从歌妓密，乐任主人为。

重碧拈春酒，轻红擘荔枝。

当时杜甫已至晚年，但仍然忧国伤生，颠沛流

杜甫（712年—770年），字子美，自号少陵野老，唐代伟大的现实主义诗人。杜甫在我国古典诗歌中的影响非常深远，被后人称为“诗圣”，他的诗被称为“诗史”。著名作品有“三吏”“三别”等。

离，许多诗写得沉郁无比，读来令人心酸，但独独这首诗却流露出少见的快乐情绪，原因就在于诗中美酒“重碧”。重碧酒的原料是4种粮食，只比后世的五粮液少一种。所以重碧乃是五粮液不折不扣的前身。

到了宋代，宜宾当地有个酿酒的姚氏家族，其以玉米、大米、高粱、糯米、荞子5种粮食为原料酿制的“姚子雪曲”，这就是后世五粮液最成熟的雏形。

北宋诗人黄庭坚一生好酒，他是最早一个宣传五粮液的前身“姚子雪曲”的人，也是最早一个作出鉴评的人，他的诗文为后人研究五粮液的发展史留下了珍贵资料。

1098年，黄庭坚被贬谪为涪州别驾，朝廷为避亲嫌，又把他转而安置于戎州。黄庭坚自此摆脱朝政，寄情于山水诗酒之中。在寓居的3年中，他遍尝戎州佳酿，写下17篇论酒的诗文，其中最为推崇的是《安乐泉颂》和《荔枝绿颂》。

早在唐代，戎州就盛产荔枝，因而就有了“荔枝绿”这种酒。一日，戎州名流廖致平邀好友黄庭坚到家中品此酒，当时诗界的规矩是将酒杯置于水面，漂到谁的面前就由谁献诗一首。这在中古时被称为“曲水流觞”。

当轮到黄庭坚时，他试倾一杯，先闻其香，其香沁人心脾，再观其色，其色碧绿晶莹。看着透明醇香的美酒，黄庭坚顿时兴奋起来，所谓无酒不成宴，有酒诗如神矣，他当即吟诗一首《荔枝绿颂》。

之后，黄庭坚复作《安乐泉颂》，这更是诗化了的一篇鉴赏酒质的评语：

> 姚子雪曲，杯色增玉。
> 得汤郁郁，白云生谷。
> 清而不薄，厚而不浊；
> 甘而不哕，辛而不螫。
> 老夫手风，须此神药。
> 眼花作颂，颠倒淡墨。

诗中赞美了姚子雪曲酒，其“杯色增玉，白云生谷，清而不薄，厚而不浊，甘而不哕，辛而不螫”之句，短短几字高度浓缩了黄庭坚对这种美酒的审美感受。从此以后，戎州的“荔枝绿”就声名鹊起，成了进贡朝廷的天下名品。

水在酿酒过程中起着特殊的作用。黄庭坚《安乐泉颂》中的安乐泉，泉水洁净，清爽甘洌，沁人肺脾。古语说：“上天若爱酒，天上有酒仙：大地若爱酒、地上有酒泉。”可见水在美酒中的地位了。

古代酿酒工艺

据传，三国时期，诸葛亮率军南征至云南西洱河，遇四口毒泉，其中一口

酿酒作坊

为哑泉。时逢天气好生炎热，人马饮用了哑泉水后，一个个说不出话来。后来幸得一智者指教，复饮宜宾安乐泉水，“随即吐出恶涎，便能言语”。

宜宾美酒的酿造用水全部取自于安乐泉，故安乐泉被誉为“神州酿酒第一福泉”。

令人称奇的是，后世严谨认真的评酒专家们也给予了五粮液“香气悠久，味醇厚，入口甘美，入喉净爽，各味谐调，恰到好处”的高度评价。科学的评价恰与900多年前诗人黄庭坚的评价惊人地相似，这也恰恰说明了五粮液千古不变的卓越品质。

阅读链接

自古好水出好酒。在宜宾江北公园中，保留着有900多年历史的流杯池，相传就是黄庭坚所造。而千余年后，安乐泉仍为酿造神州琼浆唯一的水源。

另外，广西恭城县龙虎关有一眼泉水可以酿酒。明末清初，当地人用此泉水酿成“龙虎酒”，成为全国名酒。这眼泉水本身具有甘甜酒味的特点，并含有30多种微量元素。

千年老窖酝酿的五粮液

我国白酒酿造有一条定律："千年老窖万年糟，酒好全凭窖池老。"宜宾在明初形成了古窖池群，也大量出现了糟坊，这种作坊式经营的私人企业，后厂酿酒，前店卖酒。

在宜宾明清两代历史上，最为著名的糟坊有温德丰、利川永、长发升、德盛福、钟三和、张万和、叶德盛等12家老字号。

五粮液酒

明代的地穴式古酒窖分布在后世酒厂的"顺字组"和"东风组"内。"顺字组"是原"利川永"糟坊旧址，明清时发展到古窖27口，按西南、东北走向，分左、中、右3行排列，其左列顺数第 7 、 8 、 9 三窖为明代酒窖。用手指在古窖上摸一下，都能留下扑鼻的酒香。

■糟坊

窖号21、22、23三窖原为“利川永”的前身，创自明初“温德丰”糟坊。其原型呈斗形，与明末清初的“张万和”、“叶德盛”糟坊所开的长方形窖有异。

“东风组”位于宜宾一条悠然老街“古楼街”，入街者的第一感觉就是醉人的芳香，循香望去，古色古香的一处明代风貌的古典式五粮液糟坊映入眼帘。

进入糟坊，便能看见那历经风雨沧桑后，却依然散透高贵气质和神韵的古窖。这是原“长发升”糟坊旧址，后世存古窖16口。这糟坊是典型的明代建筑，一楼一底，纵分三进，从明至清，由于道路拓宽，生产发展等原因，形成了非中轴对称式建筑布局。

这16口明代古窖池经过几百年的连续使用和不断维护，成为我国唯一存留下来的最早的地穴式曲酒发酵窖池，其微生物繁衍从未间断，而且这16口明代古窖池一直使用到后世。这是一个白酒业的奇迹。

明代伟大医学家李时珍《本草纲目》上说，白酒

糟坊 旧时的糟坊，原指专为平民百姓提供一日不可或缺的“油盐酱醋”。后专指酿酒的作坊，前店后坊，因为在酿酒过程中会产生酒糟，酒糟是用来酿酒的种原料在酒被取尽后剩下来的渣滓，会发出一种特别的香味，是一种很好的养殖饲料。

有降低有害物质作用，越是陈窖，就越能提高对人体有益物质含量，降低酒精给人体带来的损害。故评判酒质的高下，很大程度上决定于窖池“陈”的时间。

“永和糟坊”位于宜宾县喜捷镇萃和村小洞子，有清代老窖池5口，其中有3口已确认为清乾隆年间老窖池，是四川地区较早地穴式曲酒发酵窖池之一。

早在明代初年，宜宾人陈氏继承了自宋代就形成的姚氏酿酒产业，总结出陈氏秘方，技艺更加完善。生产的酒两名，文人雅士称之为“姚子雪曲”，下层人民都叫“杂粮酒”。

清末，陈氏家族于1900年将作坊命名为“温得丰”。这一年，陈氏家族第10代子孙陈三，继承祖业，在原有酿造基础上进一步总结提炼出玉米、大米、高粱、糯米、小麦5种粮食作为酿酒原料配方：大米糯米各两成，小麦成半黍半成，川南红粮凑足数，地窖发酵天锅蒸。

李时珍（1518年—1593年），字东壁，号濒湖。我国古代伟大的医学家、药物学家。李时珍曾参考历代有关医药及其学术书籍800余种，结合自身经验和调查研究，历时27年编成《本草纲目》一书，是我国古代药物学的总结性巨著。

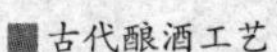
■古代酿酒工艺

这个“陈氏秘方”，就是后世五粮液的直接前身。从此，五粮液一直以“陈氏秘方”为基础，并在发酵环境、工艺过程等方面不断地创新、发展，酿造出了享誉中外的琼浆玉液。

1909年，“利川永”烤酒作坊老板邓子均酿造出了香味纯浓的“杂粮酒”。这一天，宜宾众多社会名流、文人墨客汇聚一堂，宜宾团练局长雷东垣邀请大家共赴他的家宴。席间，邓子均捧出了一坛“杂粮酒”，坛封一开顿时满屋飘香，令人陶醉，宾客饮之，交口称赞。

这时，唯独举人杨惠泉沉默不语，他一边品酒，一边似在暗自思度什么。过了一会，杨惠泉忽然问道：“这酒叫什么名字？”

邓子均回答道：“先前称‘姚子雪曲’，不过老百姓都称为‘杂粮酒’。”

杨惠泉“哦”了一声，又问：“为何取此名？”

五粮液酒

邓子均说：“因为它是由大米、糯米、小麦、玉米、高粱5种粮食之精华酿造的。”

杨惠泉胸有成竹地说：“此酒色、香、味均佳，如此佳酿，文人雅客称其‘姚子雪曲’，虽雅却不见韵味；民间名为杂粮酒，则似嫌似俗。此酒既然集五粮之精华而成玉液，何不更名为五粮液？可使人闻名领味。”

众人纷纷拍案叫绝：“好，这个名字取得好！”从此，这种杂粮酒便以“五粮液”享誉世间，流芳后世。

“五粮液”酒沿用和发展了“荔枝绿”的特殊酿制工艺。因为使用原料品种之多，发酵窖池之老，更加形成了五粮液的喜人特色。它还兼备“荔枝绿”“清而不薄”，“厚而不蚀，甘而不哕，辛而不螫”的优点。

到清代末年，宜宾当地已有德胜福、听月楼、利川永等14家酿酒糟坊，酿酒窖池增至125个。

■古代酿酒工匠

美酒是一种艺术佳作，有水的外形之“柔”，火的性格之“刚烈”，可谓一个刚柔结合体。五粮液恰恰具有如此独特的魅力，因而得到了人们的喜爱。我国的酒文化已有数千年的悠久历史，而宜宾的五粮液是我国酒文化的一个缩影。

我国的名酒分4种香型，每一种香型有一典型的代表。五粮液是浓香型的代表，茅台是酱香型的代表，三花酒是米香型的代表，汾酒是清香型的代表。每一种酒和产地、气候带、水源、土壤关系很密切，还有勾兑技术、包装、宣传、秘方这些因素，所以一种酒的产量和销量是由综合因素决定的。

酒的东方审美特点，可分为协调美、柔性美、诗乐美。五粮液属于协调美，它体现了我国酒文化“中

团练 我国古代地方民兵制度，在乡间的民兵，亦称乡兵。自唐代设有团练使一职，宋代置诸州团练使，明代取消团练使，改以按察使、兵备道分统团练诸务。清末时，林则徐在广东三江各乡镇组织乡勇及民团抵抗英国海军，取得成功，团练开始被收编于正规军队。

庸”的基本精神，达到了不偏不倚、恰到好处的独特风格。

从技术上来说，五粮液是浓香型白酒的杰出代表，它以高粱、大米、糯米、小麦和玉米5种粮食为原料，以“包包曲”为动力，依托特异的地域生态环境，由酿酒大师撷取“香泉”之甘露，以著名历史文化遗存、传承600余年之明代黄泥古窖，特选的优质原辅料，采用代代相传神妙独特的工艺，结合高科技，经以陶坛窖藏7年老熟而成。

后来，一些国家曾借用自己的科学技术，分析五粮液古窖泥的成分，试图培养自己的“老窖”，但都没有成功。这主要是由于离开了宜宾得天独厚的环境，很多有益微生物就不能存活。一方水土出一方美酒，独特的不可复制性，使五粮液成为著名的原产地保护品牌。

此后发展出的“五粮液绝世风华”酒，经陈年老窖发酵，长年陈酿，精心勾兑而成。它以“香气悠久、味醇厚、入口甘美、入喉净爽、各味谐调、恰到好处、酒味全面”的独特风格闻名于世，回味悠长，风格典雅独特，酒体丰满完美，自古浓香独秀，风华绝世，不可易地仿制，诚为天工开物，琼浆玉液，国色天香。

诗人白航品尝了五粮液以后写出的佳作说：“人之头皇帝，诗之头李杜，江之头宜宾，酒之头五粮液”，宜宾占了两个头。

阅读链接

五粮液有3000多年的酿酒历史，600多年的古窖，加上以五种杂粮为原料的悠久科学配方，这就决定了其独特的历史品位和卓越的品质。五粮液传承明代古窖的美名，它香得山高水远，香得地久天长，香醉了人间600年时光。

现在的五粮液主要靠陈酿勾兑而成。五谷酿出的五粮液原酒被称为“基础酒”，“基础酒”按质分级分别储存，储存期满后，勾兑人员逐坛进行感官尝评和理化分析，根据不同产品在质量和风格上的要求进行勾兑组合，才为成品五粮液。

酒中泰斗

泸州老窖

泸州地处巴蜀，泸州酒的历史，与源远流长巴蜀酒文化密切相关。泸州老窖的酿造，集天地之灵气，聚日月之精华，贯华夏之慧根，酿人间之琼浆。其施曲蒸酿，贮存醇化之工艺，不仅开我国浓香型白酒之先河，更是我国酿酒历史文化的丰碑。

多年积累成就了泸州老窖大曲“四百年老窖飘香，九十载金牌不倒”的美誉。白酒专家给予“醇香浓郁、清洌甘爽、回味悠长、饮后尤香”的经典评述。

泸州悠久的酿酒历史

泸州地处四川盆地南缘，是四川盆地人类最早出现和聚居的地区之一，是有2000多年建置史的历史文化名城。泸州四周丘陵凹凸，温热的气候和充沛的雨水，孕育出果中佳品桂圆、荔枝，特别是酿酒的最佳原料糯高粱与小麦。

正所谓“清酒之美，始于耒耜”，巴蜀出产“巴乡清”酒，曾是

泸州老窖国窖池

■传统酿酒工艺

向周王朝交纳的贡品。

据说巴人曾参加周武王伐纣，建立奇功，得到封赏。其中尹吉甫是辅佐周宣王的重臣。作为全球尹氏华人公认的先祖第一人尹吉甫，是《诗经》的作者之一，也是古江阳人。汉初毛公著《毛诗故训传》训释诗经及西汉扬雄著《琴清音》时，对其均有所言载。

尹吉甫在《诗经·大雅》中曾云："显父饯之，清酒百壶。"这也为泸州老窖的发展历史寻到了直接的源头。

泸州酿酒史至少可以追溯到秦汉时期。当时巴蜀地区的酿酒业有了较大的发展，东汉画像砖上出现了形象的制酒图，说明此时巴蜀地区已有了较大型的酿酒作坊。

在泸州曾发现有秦汉之际的"陶质饮酒角杯"，专供饮酒宾客之用。而泸州第8号汉棺上的"巫术祈祷图"中，高举酒樽的两个巫师，再次证明当时泸州不仅酒好，还有了"以酒成礼"的酒文化，也印证了

尹吉甫（前852年—前775年），兮氏，名甲，字伯吉甫，"尹"是官名。后人以官为姓，称作尹吉甫，成为尹姓的滥觞。周宣王大臣，官至内史。据说是《诗经》的主要采集者，军事家、诗人、哲学家，被尊称为中华诗祖。

■汉代酿酒画像砖

我国酒文化中“无酒不成礼”的“酒道”。

西汉时，巴蜀城邑除酿酒作坊外，还出现了与之配套的批发酒的商铺和零售的小店。

据有关合江考古和民俗之作《符阳辑古》一书记载：汉武帝于公元前235年，曾派将军唐蒙拓夷道远征夜郎国。在唐蒙不辱使命之时，汉武帝下令将蜀南夜郎一带，分封为符县，因这里位于赤水与长江边，这一地区常年湿润的气候与郁郁葱葱的植被，十分适合五谷的生长与酿酒业的发展。

合江的密溪沟隐藏着一个崖墓群，数十座崖墓层层叠叠环绕在山腰上，可能是一个家族墓地。墓中有两对石棺，其石棺上的“宴饮图”，应该是最早反映当地饮酒场景的佐证了。

在宴饮图中有一麒麟形酒具，麒麟身负着两个小桶，拿麒麟的女子宽解罗带，其醉态娇憨的模样，与身边男子缠绵悱恻的场景，让人感觉当时这一代的酒

石棺 石制棺椁，常饰以雕刻。是一种石制的棺材或尸体容器。石棺葬在我国主要分布在藏彝羌走廊与西南地区，但其影响却比较宽泛，在西北、华北、东北等地也有发现。其时间跨度很长，上起新石器时代，下至秦汉时期乃至更晚。

文化十分开放，有着歌舞升平的景象。

纳溪县上马镇也发现一个麒麟青铜器，长35厘米，宽27.5厘米，身上同样负着两个小桶。经研究，这两处发现的麒麟就是汉代的温酒器！

整个温酒具以吉祥物麒麟为基本造型，其腹腔为炉膛，尾部为灶门，两侧圆鼓内盛大，与前胸和臂部通联，水可循环并可从口腔喷出，饮酒时炉膛内放木炭，将酒杯盛酒置于圆鼓内，随水温加升而温酒。

麒麟温酒器构造独特，情趣生动，在我国古代酒器中尚属孤品，是酒城泸州的典型性、代表性器物。

崖墓 古代开凿于山崖上或岩层中的墓葬。在我国存在于战国至魏晋南北朝时期。战国崖墓集中分布在江西省境内的武夷山地区，形式有单洞单葬、单洞群葬及联洞群葬，棺用整木刳成。崖墓的族属为百越中的一支。

此外，泸州众多汉代崖墓的石棺，不少石棺上面雕刻了很多涉及酒文化的图像。如有幅围猎图，栩栩如生地展现了院子里的人在举杯饮宴，而外面的人在围猎。从大量的汉代遗物和史料中，可知当时的酒文化已比较发达，泸州自古就有浓郁的酒文化。

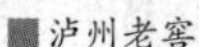

■泸州老窖

汉代泸州酿酒成风，名家蜂起。著名词赋家司马相如的《凤求凰》中写道：“蜀南有醪兮，香溢四宇，促吾悠思兮，落笔成赋。”司马相如之所以能够“落笔成赋”，那是因为喝了泸州美酒。

三国时期的蜀汉丞相诸葛亮于225年屯军泸州古城，在城幽势奇的忠山上匿军演阵，以备南征。当时泸州一带瘟疫流行，诸葛亮派人采集草药百味，制成曲药，用营沟头龙泉之水酿制成酒，令三军将士日饮一勺，兼施百姓，即避瘟疫。曲药制酒的方法也流传下来，成为泸州酒史上的荣光。

巴蜀人酿酒，从来就是自成体系并富有建树。北魏的贾思勰《齐民要术·笨曲饼酒》中记载了巴蜀人的酿酒方法：

> 蜀人做酴酒，十二月朝，取流水五斗，渍小麦曲两斤，密泥封，至正月二月冻释，发漉去滓，但取汁三斗，谷米三斗，炊做饭，调强软合和，复密封数日，便热。合滓餐之，甘辛滑如甜酒味，不能醉人，人多啖温，温小暖而面热也。

文中所说的“酴酒”，即醪糟酒，又称“浊醪”。此外，北魏地理学家郦道元《水经注·江水》中记载：

江水又迳鱼腹县之故陵……江之左岸有巴乡村，村人善酿，故俗称“巴乡清”，郡出名酒。

巴蜀的酒酿造时间长，冬酿夏熟，色清味重，为酒中上品。其酿酒技术已达到相当高的水平。

阅读链接

麒麟为民间“鹿”的幻化，鹿寓意奔跑，群雄逐鹿则指战争。远古的蜀南其实是南夷之地，常年巴人与蜀人为争夺赤水与长江流域的资源发生战争，战火纷飞，人们曾以麒麟为战斗胜利的图腾。待战火熄灭后，人们倡导农耕，则麒麟作为祥瑞之物，保佑五谷丰登。由于农业生产的发展，粮食产量增加，酿酒得以发展。

以此看来，兼顾战争与和平的吉祥物麒麟，是战火后呈现出国泰民安的一大祥瑞，在巴蜀酒文化历史上占有重要地位。

泸州老窖开创新纪元

由于酿酒历史的积淀，泸州成为了名副其实的“酒城”。而泸州老窖特曲又是泸型酒的代表。

在泸州老窖的窖池南侧约300米处营沟头，曾发现一处古窖址，有一批陶瓷器皿文物，有壶、杯、罐、碗、盘等10多种类酒具200多件。经鉴定，该古窖是一个隋末唐初至五代时期主要生产民间陶瓷的窑

泸州老窖窖池

■泸州老窖

址。可见当时饮酒即在民间广为兴起。

据史载，泸州在隋代升为总管府，唐代又升为都督府，唐贞观盛世之年，唐太宗派开国元老程咬金任泸州都督左领军大将军。泸州当时政治、经济、文化方面的重要地位，为泸州酒业的新发展提供了保障。

程咬金在任时，对泸南少数民族酿制黄酒和汉族传统酿酒术相互交流，促进各民族团结，进一步推动酿酒技术的发展有功。

892年，大书法家柳公权的侄儿柳玭移任泸州刺史，他刚进州境，就庄园酿酒作坊的生产方式推动着泸州酿酒生产的发展。

唐代诗人郑谷在《旅次遂州将之泸郡》中写道："我拜师门吏南去，荔枝春熟向渝泸。"春，在古代是酒的别名。所谓荔枝春，就是以荔枝为主体香成分的酒，这表明在当时泸州荔枝已被作为酿酒原料之

柳公权（778年—865年），字诚悬，唐代书法家，"楷书四大家"之一。书法初学王羲之，后来遍观唐代名家书法，认为颜真卿、欧阳询的字最好，便吸取了颜、欧之长，在晋人劲媚和颜书雍容雄浑之间，形成了自己的柳体，以骨力劲健见长，后世有"颜筋柳骨"的美誉。

一，而且酒的质量较高，足以招徕郑谷这样的风流名士了。可见泸州酿酒的生产和消费在唐代已经相当发达了。

唐代大诗圣杜甫在《泸州纪行》一诗中写道：

> 自昔泸以负盛名，归途邂逅慰老身。
> 江山照眼灵气出，古塞城高紫色生。
> 代有人才探翰墨，我来系缆结诗情。
> 三杯入口心自愧，枯口无字谢主人。

因为品饮到了久负盛名的泸州老窖，又到了这座人才荟萃的古城，把盏叙诗，心情自是愉悦而欢快的。因此杜甫不知怎样答谢主人才好。

唐末五代时期，前蜀著名词家韦庄在泸州做官时，经常与文人朋友和诗填词，共饮泸州美酒。从

韦庄（约836年—910年），字端己，唐代“花间派”词人。曾任前蜀宰相，谥文靖。其诗多以伤时、感旧、离情、怀古为主题，其律诗圆稳整赡，绝句情致深婉，包蕴丰厚。尤工词，词风清丽，与温庭筠同为“花间派”代表作家。后人将《孔雀东南飞》、《木兰诗》与韦庄《秦妇吟》并称为“乐府三绝”。

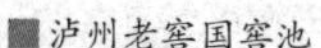

■泸州老窖国窖池

“泸州杯里春光好”中，可联想到当时的饮酒之乐，饮酒之趣。

北宋时期，大诗人黄庭坚曾来泸州住有半年时间，他看到泸州农业经济比周围地区发达，遍地栽种高粱用来酿酒，不由深情吟唱道：“江安食不足，江阳酒有余。”

在当时，泸州的官府人士乃至村户百姓，都自备糟床，家家酿酒。宋王朝还在泸州设立市马场，每年冬至节前后，叙永、古蔺、黔边等地的少数民族按照部落头人与宋王朝达成的协约，都要到泸州交售战马和其他商品。在这马队后面，成千上万的各族男女，用竹筏运载白椹、糯米、茶叶、麻、兽皮、杂毡、蓝靛等农副产品，从江门峡、顺永宁河经长江达泸州，再购买布帛、食盐和大量泸酒，运回泸南山区。这种茶马盐酒的贸易一直保留到明清。

据宋元时代著名学者马端临《文献通考》记载，1077年以前，宋王朝每年征收商税税额在10万贯以上的州郡，全国26个，泸州就是其中之一。当时泸州所设的6个收税的“商务”机关中，有一个是专征酒税的“酒务”，每年征收酒税在1万贯左右。

宋代泸州城里已有酒窖。宋代诗人唐庚饮泸州佳酿后，他的一首“百斤黄鲈脍玉，万户赤酒流霞。余甘渡头客艇，荔枝林下人家”，

泸州老窖

■酿酒蒸馏工艺

描绘出一幅令人心驰神往的泸州风情胜景，成为讴歌泸酒的瑰丽杰作。

983年以来，泸州已出现小酒和大酒之分，酿酒工艺有了引人注目的变化。所谓“小酒”，即“自春至秋，酤成即鬻”的一种“米酒”，所用原料为“酒米”即糯米。这种酒，显然只是在气温较高的“自春自秋”之际进行。

所谓“大酒”，就是一种蒸馏酒，是用谷物做原料，经过腊月下料，采取蒸馏工艺，从蒸馏糊化并且拌药发酵后的高粱酒糟中烤制出来的酒。经过“酿”“蒸”出来新酒还要存储半年，待其挥发部分物质，自然醇化老熟，方可出售，即所称“候夏而出”。

这种施曲蒸酿、储存醇化的大酒，酒精浓度高，酒的品质超过小酒。因其从生产到喝酒需要等待近一年的时间，所以价格也就昂贵了许多。

唐庚（1070年—1120年），字子西，人称鲁国先生。北宋诗人。其文学思想深受苏轼影响，在诗文创作方面也有意向苏轼学习。他的诗歌师承苏轼而自成一家，刻意锻炼而不失气格，形成了细密工致的独特风格。散文创作上，他以为文精悍简练、议论缜密而著称，成为太学生推崇的文章典范。

泸州老窖

这种大酒在原料选用、工艺操作、制曲蒸酿、发酵方式、贮存醇化以及酒的品质方面，都已经与后世泸州酿造的浓香型曲酒非常接近，可以说是泸州老窖特曲的前身。

北宋时期的泸州美酒已经名扬天下，慕名来泸州的英雄侠客、文人骚客更多了。

据说，当年的泸州，每当夜幕降临、华灯初上的时候，随便走进一家酒肆，就会见到英雄相见举杯痛饮的场景。就连一生未曾足履泸城的大诗人苏东坡，在喝了友人从泸州带来的好酒后，也不禁连声称道。苏东坡在《夜饮》一诗中这样写道：

佳酿飘香自蜀南，且邀明月醉花间。
三杯未尽兴犹酣，夜露清凉揽月去。
青山微薄桂枝寒，凝眸迷恋玉壶间。

苏东坡的酒兴很高，对泸州酒真是推崇备至，居然邀了明月来共醉泸州美酒。

南宋时期是泸州地区发展的又一个高峰。从南宋石室墓来看，相当多的墓画石上有抱酒壶的仆人，这说明当时民间饮酒已是一种风气。酒文化一定不能脱离民俗文化，而泸州老窖则是这种浓郁酒文化的产物。

在元代，泸州酒业继续发展。当时有个名叫郭怀玉的泸州人，聪明过人，14岁跟人学习酿酒技艺，平时又特别刻苦钻研。他结合前人的酿酒经验，经过自己数十年的艰苦探索，在48岁时，以全新的曲药配方和创新工艺，独家研制成功酿酒曲药，命名“甘醇曲”，即后来的大块曲。

郭怀玉在此基础上对酿酒原料、工艺操作程序、蒸馏方法等，加以综合性的改造，酿造出了第一代“泸州大曲酒”。

郭怀玉不仅是泸州酒业发展史上的伟大革新者，也是第一代浓香大曲酒最早问世的创始人和开山鼻祖，为后世泸州曲酒业的发展作出了奠基性的重要贡献。

郭怀玉所研制成功的甘醇曲实际上就是以小麦为原料，通过中温发酵而成的大块曲药，今天我国浓香型大曲酒的工艺即源出于此。

正是这一成果，开创了浓香型白酒的酿造发展史，将泸州酒业乃至我国酒业推向了一个新纪元。

阅读链接

郭怀玉其人不仅是泸州酒业发展史上的伟大革新者，亦是第一代浓香大曲酒最早问世的“创始者”、“开山鼻祖”，为后世泸州曲酒业的发展作出了奠基性的重要贡献。他所研制成功的甘醇曲实际上就是以小麦为原料，通过中温发酵而成的大块曲药。

郭怀玉研制的大曲酿造的泸州老窖大曲酒，在1915年美国旧金山巴拿马万国博览会上荣获了国际金奖，以至后来近一个世纪的时间，浓香型酒独领白酒风骚，占领了白酒消费市场的2/3以上。

明清时期的泸州酒业

明朝时期的泸州酒业，已经是“江阳酒熟花如锦”的时代。

明仁宗洪熙年间，泸州酿酒史上出现了一个具有代表性的历史人物施敬章。他于1425年改进了曲药中的成分，而且还研制了窖藏酿制法，促使泸州大曲进入了向泥窖生香转化的第二代。

酿酒发酵工艺

施敬章研制窖藏酿制法工艺特色，是用缸或桶发酵后，将蒸馏酿出大曲酒转入泥窖中储存，让其在窖中低温条件下继续缓慢地发酵，以淡化酒中的燥、辣成分，让酒体醇和、浓香、甘美，并兼有陈年后酒力绵厚、回味悠长的口感风格。

明天启年间，泸州专酿大曲酒的作坊“舒聚源”传人舒承宗，是泸州大曲工艺发展历史上继郭怀玉、施敬章之后的第三代窖酿大曲的创始人，被后世称为“酒圣”。

舒承宗原是学文的，后来弃文从武并中武举，因为仕途不顺，于是解甲归田。

舒承宗继承舒氏酒业后，直接从事生产经营和酿造工艺研究，总结探索了从窖藏储酒到“培坛入窖、固态发酵、脂化老熟、泥窖生香”的一整套大曲酒的工艺技术，使浓香型大曲酒的酿造进入“大成”阶段，为尔后全国浓香型白酒酿造工艺的形成和发展奠定了可贵的基础，从而推动泸州酒业进入到了空前的兴旺发达时期。

■泸州老窖

泸州舒聚源酿酒作坊，继承了原来当地的大曲酒生产工艺，除了继续生产大曲酒外，出现的另外一大奇迹就是创立了“泸州大曲老窖”池群，这就是后来人们所称的“1573国宝窖池群”。

自此之后，泸州老窖酿酒人士为表达对上天沃土的敬重和感恩，一直保持着“二月二”祭天敬地、拜先祭祖的习俗，后来逐渐演变成泸州老窖的年度盛典，也成为我国白酒行业的年度盛事。泸州老窖封藏大典的祭祖仪式上，祭祀的就是舒承宗这位国窖1573的始祖。

明代泸州大曲老窖池遗址位于泸州下营沟，当时约有8个窖池之多，其中最早的窖池4口，都是明代万历年间所建“舒聚源”酒坊传下来的。这4口窖池纵向排列，均为鸳鸯窖，即每口窖池内两个地坑，中间以池干分开，粮糟发酵时，两个池坑作为一个窖池，以提高容量。

鸳鸯窖的每一个坑由两个小坑组成，对称均匀，紧紧相依，而两个小坑又有很细小的区别：一个稍大一点，一个稍小一点，大的谓之

古代酿酒坊

“夫窖”，小的谓之“妻窖”，“夫妻窖”或者“鸳鸯窖”也就是取夫妻鸳鸯“长久相伴，不离不弃”之意。在建酒窖的时候，建窖人赋予其“吉祥长久”的美好愿望。

这4口老窖池旁有一口“龙泉井”，水清洌甘甜，同窖中五渡溪优质黄泥相得益彰。关于龙泉井，民间还流传着一个动人的故事。

很久以前，泸州城南凤凰山下，住着一户以砍柴卖柴为生的舒姓父女。有一年的夏天，父亲舒老大从山中挑柴路过山谷时，发现有一眼清泉涌出，泉水清澈见底。舒老大见此便放下担子，用手捧几口水一喝，顿觉如甘露，使人精神大振，不渴也不饿。接着舒老大面堂发热，便有了几分醉意。这时，舒老大突见泉中露出一条红色大道来，他就踉踉跄跄一直顺路走去，不知所归。

天色已晚，女儿不见父归，心中十分着急，于是举着松明子火把，沿盘山小道寻父。后来，她终于在一个山坡上找着了似醉非醉的父亲，一手还按在一个酒坛上。

女儿追问之下，父亲说出了原委。原来前几天舒老大砍柴时，见一大鸟去吞噬一条小青蛇，他就用斧头砍死了大鸟，救了小青蛇的性命。那小青蛇恰好是龙王的儿子，龙王得知后，重谢舒老大一坛仙酒，并说：“恩人请带上这酒，你们父女一辈子也不愁吃穿了。”

舒老大被女儿喊醒后，站起身随女儿回家，不料路上一不小心把仙酒打翻在一口井中。舒老大舀出井水一喝，真如仙酒一般，父女俩就把这口井称为“龙泉井”。父女俩挑此井泉水酿成的酒醇香浓郁，清洌甘爽，饮后留香，回味悠长。

父女俩酿出好酒的消息一下子轰动了全泸州，人们排着长队争相购买。从此龙泉井酿就名扬九州了。正因为有了龙泉井，才有了泸州老窖悠长的酒香。

明代大诗人杨慎对泸州酒城一往情深，他在诗中写道：“花骋小市频频过，落日凝光缓缓归。”生动地描述了在泸州小市饮泸州美酒后归家的情景。

杨慎又有诗：“玉壶美酒开华宴，团扇熏风坐午凉。”是说他常常在夏令时节，在小市半山上的一座小园林中果实成熟之际，枝头红绿相映，在此邀集诗友聚会。

杨慎还在小园中独擅风流，开怀畅饮泸州小市美酒，唱出“江阳酒熟花如锦，别后何人共醉狂”的醉时歌，吐露自己醉卧泸州的情愫。

清代，泸州美酒历经几朝风雨，更是醇香万里。上千口老窖池已经形成，酿酒业进入了一个

龙王 神话传说中在水里统领水族的王，掌管兴云降雨。唐玄宗时，诏祠龙池，设坛官致祭，以祭雨师之仪祭龙王。宋太祖沿用唐代祭五龙之制，诏天下五龙皆封王爵。由此，龙王就成为兴云布雨，为人消灭炎热和烦恼的神，龙王治水成了民间普遍的信仰。

■泸州老窖

新的时期。到清乾隆时，所产曲酒已闻名遐迩。

张问陶（1764年—1814年），字仲冶，一字柳门，自号船山，因善画猿，亦自号“蜀山老猿”。清代杰出诗人、诗论家，著名书画家。其诗天才横溢，与袁枚、赵翼合称清代“性灵派三大家”，被誉为“青莲再世”、“少陵复出”、清代“蜀中诗人之冠”，也是元明清巴蜀第一大诗人。

1792年农历七月初九，“巴蜀第一才子”张问陶写诗描写泸州酒城风貌，成为吟诵这座酒城的千古绝唱。其中有一首七绝诗写道：

城下人家水上城，酒楼红处一江明。
衔杯却爱泸州好，十指含香给客橙。

四川佳酿多，张问陶偏偏只爱泸州的老窖，可见此酒的魅力无限。

清代光绪年间，泸州城下十余里江面上密密麻麻停泊着过往盐米大船，像树林一样的船桅，俨然城墙外的又一道木栅。商品流通，极大地促进了当地酒业的发展。

■泸州老窖

1879年，泸州可考的窖酒年产量超过10吨。到清末时，泸州城里已经遍布酒窖。曲酒酿造作坊可考者有温永盛、天成生、协泰祥、春和荣、永兴成、鸿兴和、义泰和、爱人堂、大兴和、新华等十余家，年产曲酒240吨以上。民间流传“酒窖比井还多”的说法，正是泸州酒业兴旺昌盛的又一见证。

1873年，“洋务运动”代表张之洞出任四川的学政，他沿途饮酒做诗，来到了泸州。他刚上船，就闻到一股扑鼻的酒香，顿觉心旷神怡，于是就请仆人给他打酒来。

■泸州老窖藏酒窖

谁知仆人一去就是一个上午，日到中午时，张之洞等得又饥又渴，才看见仆人慌慌张张地抬着一坛酒一阵小跑而来。

张之洞感到很生气。待仆人打开酒坛，顿时酒香沁人心脾，张之洞连说：“好酒，好酒！”于是猛饮一口，顿觉甘甜清爽，于是气也消了。

随后，张之洞问道：“你是从哪里打来的酒？”

仆人连忙回答：“小人听说营沟头温永盛作坊里的酒最好，所以，小人拐弯弯，穿过长长的酒巷到了最后一家温永盛作坊里买酒。”

张之洞微笑说道：“真是‘酒好不怕巷子深’啊。”

泸州老窖酒传统酿造技艺中，自原粮进入生产现场起，经过挖糟、下粮、拌粮、上甑、摘酒、出甑、打量水、推晾、下曲、入窖、封窖、滴窖、起糟、堆糟、洞藏、勾调等工序后包装成品，进入流通环节。

梅瓣碎粮、打梗推晾、回马上甑、看花摘酒、手捻酒液等，这一系列类似武术功夫的泸州老窖酒传统酿制技艺，仅限于师徒之间“口传心悟”；经历数十代人的

张之洞（1837年—1909年），字孝达，号香涛、香岩，又号壹公、无竞居士，晚年自号抱冰。“洋务派”代表人物之一，其提出的“中学为体，西学为用”，是对“洋务派”和早期改良派基本纲领的一个总结和概括。他创办了自强学堂、三江师范学堂等。与曾国藩、李鸿章、左宗棠并称晚清“四大名臣”。

用心领悟和传承，代代相继。

这样一个酿酒过程，几百年来不知在国宝窖池已轮回了多少次。其中每个环节紧密相扣，同时却各不相同，互不干涉的各个环节，却又配合得默契十足，天衣无缝，没有谁离得开谁，也没有谁比谁更重要，因为离开了其中任一环节都无法制出上乘的美酒。

智慧的先人们循自然之法悟出“相生相谐、互补共辉”的酿制之道，这是人性之道，亦是万物天道。

龙泉洞就在国宝窖池所在的凤凰山上，洞口就是昔日老窖造酒用的龙泉井。数百年来，酒工们用龙泉井的水造酒，再将新酒储存于洞中等待其自然老熟，井与洞相得益彰。

泸州老窖有3个天然山洞：纯阳洞、龙泉洞和醉翁洞。洞内终年不见阳光，空气流动极为缓慢，温度常年保持在20度左右。恒温恒湿、微生物种群丰富的环境为白酒酒体的酯化、老熟提供了优质场所，有助于酒体实现从新酒的“极阳状态”转化为陈酒的“极阴状态”。

进入山洞储藏的陈酒，经过了漫长时间的陈化，表面已经淡然含蓄了，把所有的刺激性都收敛了起来，而内劲都藏在了酒体之中。山洞因为酒也有了灵性，被誉为“会呼吸的山洞”。

阅读链接

封藏国窖1573的龙泉洞，可以说是专门用于储藏刚生产好的新酒。新酒火性高，被称为白酒起初的“极阳状态”，充满了新酒的阳刚之气，酒体刺激辛辣。这时候，阴性的山洞就起了作用，经过一定时间的储存后，酒体日趋平衡和缓冲，最后变得细腻、柔顺。

在泸州，白酒的“终极状态”是一种洞藏的状态。泸州老窖的储酒山洞因此被誉为“会呼吸的山洞”。

清香鼻祖

杏花村酒

杏花村汾酒有着4000年左右的悠久历史。杏花村遗址位于山西汾阳杏花村镇东堡村东北方向，遗址堆积从新石器时代仰韶文化中期一直到商代形成8个阶段，真实地展现了汾酒从孕育到诞生的历史过程。南北朝时期，汾酒作为宫廷御酒受到北齐武成帝的极力推崇，被载入“二十四史”，使汾酒一举成名。

杏花村汾酒是清香型白酒的典型代表，工艺精湛，源远流长。素以入口绵、落口甜、饮后余香、回味悠长特色而著称。

杏花仙子酿造杏花村酒

很久很久以前，我国山西汾阳的杏花村叫“杏花坞”，每年初春，杏花坞到处盛开着杏花，非常好看。

杏花坞里有个叫石狄的年轻人，他膀宽腰圆，常年以打猎为生。初夏的一个傍晚，在村后子夏山狩猎归来的石狄正走过杏林，隐隐约

杏花村酒

■杏花村酒

约听到一丝低微的哭声从杏林深处传来。

石狄循声走过去，发现一个柔弱女子依树而泣，很是悲切。心地善良的石狄忙问情由，姑娘含泪诉说了家世，才知是因家遭灾，父母遇难，孤身投亲，谁知亲戚亦亡，故无处安身，在此哭泣。

石狄顿生怜悯之心，于是领其回村安置邻家，一切生活由石狄打点。数日后，经乡亲们说合，俩人拜天地结为夫妻。婚后，夫唱妇随，日子过得很甜美。

农谚道："麦黄一时，杏黄一宿。"正当满枝的青杏透出玉黄色，即将成熟时，忽然老天爷一连下了十几天的阴雨。

雨过天晴，被雨淋得裂了口子的黄杏"吧嗒吧嗒"地落在了地上，没出一天的工夫，满筐的黄杏发热发酵，眼看就要烂掉了。乡亲们急得没办法，脸上布满了愁云。

夜幕降临，忽然有一股异香在村中飘荡。石狄闻

拜天地 我国婚礼仪式。又称拜高堂、拜花堂。举行婚礼时，新郎新娘参拜天地后，复拜祖先及男方父母、尊长的仪式。也有将拜天地、拜祖先及父母和夫妻对拜都统称为拜堂。唐代，新婚之妇见舅姑，俗名亦称拜堂。

着异香，既非花香，又不似果香。他推开了家门，只见媳妇笑吟吟地舀了一碗水送到丈夫面前，石狄正饥渴之时，猛地喝了一口，顿觉一股甘美的汁液直透心脾。

这时贤惠的媳妇才说道："这叫酒，不是水，是用发酵的杏子酿出来的，快请乡亲们尝尝。"

石狄兴冲冲地赶忙请村民们来品尝，大家一尝，都连声叫好，纷纷打听做法，石狄媳妇便一五一十地告诉了乡亲们。随后，村民们争相仿效，酿造杏花酒。

从此，杏花坞有了酒坊，清香甘醇的杏花美酒也远近闻名。

原来，石狄救的这位姑娘是王母娘娘瑶池的杏花仙子，因不甘王母责罚，才偷偷飘落下凡。杏花仙子见乡亲们遇到了困难，于是便用发酵的杏子酿出美酒，解了众人之急。

由于杏花仙子酿造的美酒香飘到了天庭，王母知道了内情，于是急命雷公电母寻迹捉拿，为上界的神仙们酿酒。

一个盛夏的午后，王母站在云端厉声喝道："大胆杏花仙子，竟敢冒犯天规，偷下凡尘，罪在不赦！念你此番人间酿酒辛苦，快将美

杏花村酒生产车间

酒带回天庭供仙人饮用，如若不然，化尔为云，身心俱亡。”

杏花仙子听罢，不但不怕，而且还据理力争。王母一声令下，一声炸雷，闪电劈下。待炸雷闪电过后，杏花仙子已不见踪影。

从此，杏花坞一辈辈流传着杏花仙子酿酒的传说。每年到杏花开放的时节，村里总要下一场春雨。据说，那是因为杏花仙子思念亲人的泪水。

醇香的美酒总是伴随着美丽的传说，为我国古老的酒文化增添着独具风韵的酒之情怀。其实，杏花村酿酒早在几千年前就开始，并留下了珍贵的遗址。

■汾酒

杏花村遗址位于山西汾阳杏花村镇东堡村东北方向，面积约15万平方米，地势北高南低。遗址第三、四、五、六阶段，分别发现了新石器时期仰韶文化晚期、龙山文化早期和晚期以及夏代的酒器。这些古代遗物，真实地记录了汾酒从孕育到诞生的历史过程。

雷公电母 雷公是司雷之神，属阳，故称公，又称雷师、雷神。电母是司掌闪电之神，属阴，故称母，又称金光圣母、闪电娘娘。两神原来是管理雷电，但是自先秦两汉起，民众就赋予雷电以惩恶扬善的意义。

在杏花村遗址中，酒器品种和数量众多，除发酵容器小口尖底瓮外，还有浸泡酒料的泥质大口瓮，蒸熟酿酒用粮的甑、鬲等，盛酒器壶、樽、彩陶、罐以及温酒器等。

其中小口尖底瓮的外形整体呈流线型，小口尖底、鼓腹、短颈、腹侧有双耳、腹部饰线纹。“酒”

■古代酒器

字本来就是酿酒容器的象征，甲骨文和钟鼎文中的“酒”字几乎都是小口尖底瓮，乃最早酿酒器的有力证明。

杏花村遗址第七、八阶段的商代器物中，酿酒器、盛酒器品种、数量显著增多，而且出现了商代早期的饮酒器玄纹铜爵。这些器物制作精美，色彩鲜艳，纹饰秀丽，工艺水平已较前几个阶段有了显著的提高，是商代青铜酒器中不可多得的艺术珍品。

甲骨文 又称“契文”、“甲骨卜辞”或“龟甲兽骨文”，主要指我国商朝后期王室用于占卜记事而在龟甲或兽骨上刻的文字，殷商灭亡周朝兴起之后，甲骨文还延绵使用了一段时期，是我国已知最早的成体系的文字形式。

商周时期是我国青铜文化的鼎盛时期，也是酒器形成期。商周青铜酒器并不是一般的日用品，而是一种重要的礼器，它反映了商周时期不可逾越的尊卑贵贱的等级，其纹饰、造型、铭文不仅体现了当时的礼制观念，也体现了当时人们对美的追求，给后来的雕刻艺术、书法艺术带来了很大影响，是古代文化艺术史上的一个重要组成部分。

在同一地址中能够同时发现如此精美、如此数量的酒器，至少说明两点：一是商代杏花村酒数量明显增多，这一带饮酒风气很普遍；二是杏花村酒的质量明显提高，“美酒配美器”，酒器工艺水平显著提高，必然反映了酿酒工艺水平和酒品质量已经提高，在全国同时代酒品中已经达到了出类拔萃的水平。

商代是我国古代历史上第二个朝代，也是当时世界上屈指可数的文明大国之一。当时，农业生产达到了较高水平，农耕规模和粮食收获量迅速提高。青铜器特别是青铜酒器工艺精湛，式样考究，品类繁多，达到了当时世界的最高水平。

曲的发明和应用，使我国成为世界上最早将霉菌和酵母菌应用于酿酒生产的国家之一。制酒工艺的进步、酒类品种的增加和饮酒风气的盛行，都使商代酒类较前代有了突飞猛进的发展。

在这样的社会环境中，汾酒就从我国酒文化的母体中孕育诞生了。但商周时期的汾酒仍属于黄酒，同后世的蒸馏酒汾酒相比，度数显然要低，但它比仰韶文化时期的水酒度数要高得多。

杏花村遗址酿酒容器的发现，终于揭开了我国酒史神秘的面纱，向世人宣告：我国早在6000年前的仰韶文化中期就已经发明了人工谷物酒。杏花村仰韶酒器是我国乃至世界上最古老的酒器之一，是中华酒文化的瑰宝，为探讨中华原始酒文化的起源找到了珍贵的标本，也为研究地球酒史找到了一把钥匙。

阅读链接

杏花村人工谷物酒的出现，是人类酿酒史上继人工果酒之后的第二个里程碑，也是人类区别于动物，能够深刻认识自然、能动改造自然的光辉成果。

人工谷物酿酒的酿造从原料、器具到技术，都脱离了自然酒和猿酒的落后状态，而全部凝聚了人类的智慧和劳动。后世汾酒的色香味只是在仰韶文化时期汾酒基础上的发展、完善和提高，并无本质的区别，二者构成了顺承关系。

南北朝时期的杏花村汾酒

杏花村汾酒诞生后，经过殷商、西周、春秋战国、秦汉和魏晋时期，几千年我国酒文化的哺育，得到了迅速发展。

西周的礼乐文明，对西周时期的酿酒、饮酒产生了重大而深远的影响，从而促进了我国酒业和杏花村酒的发展和转折。同时，西周酒

古代酿酒作坊

曲的发明和“五齐”、“六必”的酿酒经验，也使得酿酒有章可循，酒的质量产生了质的飞跃。也为汾酒的发展确定了方向。

汾酒酒坊场景

伴随着我国酒文化的不断丰富和繁荣，汾酒一步步地发展壮大，至南北朝时期，终于以“汾清”酒而成名于世。

据《北齐书》卷21载，公元561年，北齐皇帝武成帝高湛劝侄儿河南康舒王孝瑜：“吾饮汾清两杯，劝汝于邺酌两杯，其亲爱如此。”可见当时杏花村汾酒已成为宫廷御酒。

北齐国都有上都、下都之分，上都在邺，下都在晋阳。武成帝在晋阳经常喝汾清，他劝在邺的高孝瑜，也要喝上两杯。而且是从北齐的军事中心晋阳写信向康舒王孝瑜推荐汾清酒，表明当时汾清酒质量之高、名气之大，已经达到“国家名酒”、“宫廷御酒”的级别。

“北齐宫廷酒，后世杏花村”，这是杏花村汾酒可靠的第一次成名，汾酒史上的第一座丰碑。

古时酿酒追求一个“清”字，汾酒在南北朝时期定名为汾清酒，汾指产地汾州。可见它在当时造“清”程度和质量水平之高。武成帝高湛御笔推荐汾清酒，汾州各酒垆遂将高湛尊为“名酒王”，并绘图供奉。

在汾清成名的同时，汾清的再制品竹叶酒也同样赢得盛誉。梁简文帝萧纲以“兰羞荐俎，竹酒澄芳”的诗句赞美之。

北周文学家庾信在他的《春日离合二首》中云：“田家足闲暇，

庾信（513年—581年），字子山，小字兰成，北周时期人。庾信的文学创作，以他出使西魏为界，可以分为两个时期。前期在梁，作品多为宫体性质，富于辞采之美。羁留北朝后，诗赋大量抒发了自己怀念故国乡土的情绪，风格也转变为苍劲、悲凉。

士友暂流连。三春竹叶酒，一曲鹍鸡弦。"《乐府杂记》解释说：以鹍鸡筋作琵琶弦，用铁器弹拨。边喝竹叶酒，边弹琵琶，兴致勃勃。可见这种酒的烈度不大，同后世的汾酒竹叶青"香甜软绵"的特色是一脉相承的。

一个杏花村，能够同时出产两种"国家名酒"，堪为罕见！

魏晋南北朝，是我国民族大融合的时期，广大百姓通过长期的杂居相处，却越来越接近，民族融合的进程加快。一些有识之士抓住机遇，采取了一系列开发、改革的措施，促进了社会进步与发展，为酿酒的发展提供了一定的条件。

在这一时期，人们的意识形态发生了异常变化，朝野内外，聚饮、独饮随处可见，或借酒浇愁，或寄情思亲念友，或饮酒作乐。这种浓厚的饮酒风气无形中促进了酒业的发展，城乡酒肆增多。晋朝人慕效司马相如、卓文君当垆卖酒之风雅，纷纷做起了沽酒业。

■汾酒竹叶青

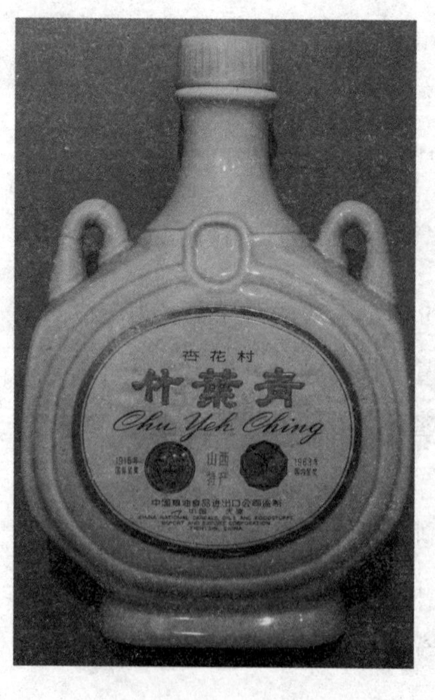

南北朝时期的酿酒技术，无论是品种还是工艺，都达到了较为成熟的境地。此时已确立了块曲的主导地位，酒曲种类增多，酒曲的糖化发酵能力大大提高。酿酒工艺在用曲方法、酸浆使用、发酵方法、投料方法、温度控制、后道处理技

术等方面，都有了重大改进。

北魏农学家贾思勰在《齐民要术》中记载的许多制曲酿酒的技术，与当代酿造黄酒的技艺已经相差无几，对后世农业和酿酒业影响很大。杏花村汾清酒、竹叶青酒正是在这种背景下，改进工艺、提高质量，进而闻名全国。

汾清酒的质量提高主要得益于丰富的经验。汾清酒首创的酒曲在山西一带已经普遍使用。因山西在黄河以东，因而贾思勰在著作《齐民要术》中将此曲称为“河东神曲”，并对其大加赞叹曰：“此曲一斗杀粱米三石，笨曲杀粱米六斗，省费悬绝如此。”“杀粱米”意指对去壳高粱米的糖化发酵能力。笨曲是酿酒用的大曲。

这种河东神曲的糖化发酵能力相当于笨曲的5倍。当时，用曲时还采用了浸曲法，进一步提高了发酵速度。

浸曲法可能比曲末拌饭法更为古老，大概是从谷芽浸泡糖化发酵转变而来的。浸曲法在汉代甚至在北魏时期都是最常用的用曲方法。

汾清酒的质量的提高，还在于酿酒原料由粟改为高粱。而且蒸粮用的甑由陶质改为铁质，提高了蒸煮速度和质量，而且酿造工艺更加

■杏花村酒

完善。

当时汾清酒在酿造时加水量很少，加曲量较多，而且是在泥封的陶瓮中密封发酵，有利于酒精发酵，因而酒度大为提高，醇香无比。按照上述方法酿造的酒，其工艺与后来的蒸馏酒已比较接近。

酿造汾清酒所用的“神泉”之水清澈透明，清洌甘爽，煮沸不溢，盛器不锈，洗涤绵软。清末举人申季壮曾撰文赞美这口井的水“其味如醴，河东桑落不足比其甘馨，禄裕梨春不足方其清洌”。

杏花村有取之不竭的优质泉水，给汾酒以无穷的活力，马跑神泉和古井泉水都流传有美丽的民间传说，被人们称为“神泉”。

甑 我国蒸食用具，为甗的上半部分，与鬲通过镂空的箅相连，是用来放置食物，利用鬲中蒸汽将甑中食物蒸熟。单独的甑很少见，多为圆形，有耳或无耳。

相传，杏花村有个姓吴的老汉开了个叫“醉仙居”的酒馆，一天突然有个老道来这里喝酒，直喝得酩酊大醉方休。吴老汉问他要钱，道士说造酒的井是他打的，硬是不给钱。后来道士见吴老汉逼得不行，一气之下，走到井前张口把酒全部吐到井里。从此，这口井的水就变成又香又美的酒了。

后人还在这里建了“古井亭”，并以井中之水酿造美酒。《汾酒曲》中记载：“申明亭畔新淘井，水重依稀亚蟹黄。”注解说：“亭井水绝佳，以之酿酒，斤两独重。”

从杏花村往西走5千米，有个壶芦峪。壶芦峪口有股清泉涌出，清澈见底，终年不断，人称“马跑神泉”。这眼神泉颇有来历。

相传古代有个名叫贺鲁的将军，英勇善战，体恤部下，爱护百姓。一天，他率兵西进，路过杏花村，很远就闻到了酒香。将士们相互议论：“能到杏花村品尝一下汾酒，那该多美！”贺鲁将军深知大家的心思，传令开进杏花村。

杏花村的百姓听说贺鲁将军的队伍来了，于是，把贮存多年的好酒拿出来，款待将士们。贺鲁将军高兴地喝着乡亲们送来的美酒，真是入口绵，落口甜，饮后余香不绝。他越喝越高兴，连声夸奖：“好酒！好酒！”

这时，贺鲁将军的战马“红鬃骥”闻到酒味，也昂首嘶鸣。乡亲们忙把酒糟取来，红鬃骥贪婪地吃了起来。

贺鲁将军对乡亲们的款待十分感激，但是军情紧急，不能久留，在痛饮美酒之后，即传令将士们继续西进。

大队人马行至壶芦峪，酒性渐渐发作。贺鲁将军和将士们都口干舌燥，希望能找口水喝，但连一滴水都没有找见。

国窖汾酒

这时，只见红鬃骥也在不停地打着转，马蹄不断地往地下刨，越刨越深，显得很兴奋的样子。就在将士们莫明其妙之时，忽见红鬃骥头一低，腰一弓，一声长嘶，在马蹄拔出之处，一股清澈的泉水喷涌而出。

贺鲁将军和将士们喜出望外，纷纷奔上前去，畅饮泉水。泉水甘甜爽口，将士们喝了后精神十分振奋，都称赞这是一股“神泉”。

就在贺鲁将军西进离去不久，这里连续好几个月大旱，杏花村的庄稼树木枯黄了，酿酒的井水也濒于干涸，而唯有神泉的水长流不断，附近的人们纷纷赶来挑水，浇灌禾苗。杏花村的人们也到壶芦峪运水酿酒。

同时，人们感觉用此泉酿出的酒，和用神井酿的酒一样清爽甘甜，芳香扑鼻。这一年，杏花村在大旱之年获得了丰收，杏花村酿酒业也更加兴旺发达，以后人们便称此泉为“马刨神泉”，谐音称为“马跑神泉”。

杏花村还有一个大池，相传当年“八仙”之一铁拐李有一天酒瘾大发，于是便骑马来到杏花村，大过酒瘾，喝了三天三夜，终于醉倒在一个小池边。后人称这个池子为“醉仙池”，它的形状很像铁拐李背着的酒葫芦。

阅读链接

在汾阳地区出土的文物中，魏晋南北朝时期的酒具比较丰富，如陶瓷酒器有北魏长颈彩陶壶、北齐虾青釉四系酒罐、北齐灰青釉四系圆腹罐、北齐青黄釉敛口罐等，均与河北北齐高润墓的酒罐相符。

这些出土文物，从一个侧面反映了魏晋南北朝时期的造酒技术，也反映了汾酒文化在魏晋南北朝时期的发展状态。

唐代汾酒酿造工艺大突破

唐王朝建立后，唐太宗李世民致力于调动人民的生产积极性，使全国农业、手工业迅速发展。同时，唐时中外文化的广泛交流，使西域的一些先进的酿酒术和优质酒品，也传至内地，促进了唐代酒业的发展。

正是在这种情况下，我国的黄酒向蒸馏白酒转变，这是我国酒史上划时代的进步，而这个伟大的转变，就是从汾州杏花村开始的。

酿酒发酵工艺

蒸馏 是一种热力学的分离工艺，它利用混合液体或液、固体系中各组分沸点不同，使低沸点组分蒸发，再冷凝以分离整个组分的单元操作过程，是蒸发和冷凝两种单元操作的联合。我国的白酒都属于蒸馏酒，大多是度数较高的烈性酒。

唐代的杏花村，是由北方军事中心太原通往皇都西安的必经要驿。无论文武百官，武举诗人，乡士访学，凡路经者都要知味停车，闻香下马，以品尝杏花村为乐事。这自然促使杏花村酒业兴旺，各个酒坊不断改进工艺，提高质量。

这时，汾酒在汾清酒的基础上进行了两项划时代的工艺突破。

首先是“干和”酿造工艺的发明。干和汾酒选用优质粱米为原料，以河东神曲为糖化发酵剂。蒸米时，锅底水加入花椒以串味，将饭捣烂冷却，加曲进行糖化，浸泡数十天。

压榨取得第一次酒液后，再加入粱米，蒸制、冷却、加曲、进行第二次糖化。然后将第一次酒液加入第二次糖化醅中，入缸密封，经陈酿、压榨、过滤等工序而成。

■国藏汾酒

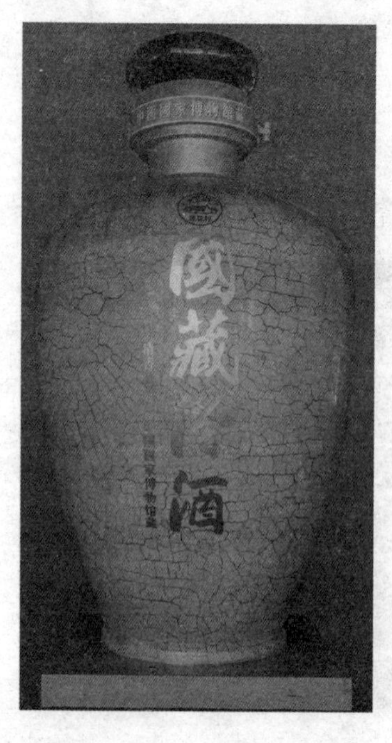

其次，杏花村汾酒率先将蒸馏技术使用到酿酒中来，在干和工艺的基础上，两次发酵，两次蒸馏，形成了熟料拌曲、干和入瓮发酵、蒸馏制酒的最新工艺，这也就是现代汾酒工艺的雏形。

以此法所得之酒，清澈如水，醇香甘洌无比。名闻遐迩，来村品饮者络绎不绝，每在酒后，都以此酒议名。有因见其度高最易点燃，称为“火酒”、“烧酒”；有视其无色透明，称为“白酒”，因产于汾州杏花村又称为“汾白酒”或“杏花白”，有的还叫“汾白干”、“老白干”。

蒸馏酒传进朝内，试饮绝佳，令州进贡，并因其干和入瓮的独特酿造技术而定名为“干和”，又叫“干酿”、“干酢”。从此，干和汾酒遂成为朝廷贡酒，驰名全国。

唐代高度发达的文化事业与高度发达的酿酒业和饮酒习俗相结合，创造了绚丽多彩的唐代酒文化。唐代酒诗名家之广、数量之多，历代均不可比，特别是李白、杜甫、白居易都是闻名的世界级酒诗大家。唐代大书法家张旭、怀素和大画家吴道子、郑虔等也都留下了与书画结缘的千古名作和佳话。

■李白饮酒铜像

李白两次出游太原。在途中，李白携客到杏花村品尝干和汾酒，醉中校阅了郭君碑。郭君为唐代将领，有战功，死后葬于杏花村东北干岗上，碑文为虞业南所书。

《汾阳县志》中“汾酒曲”记录了此事：

琼酥玉液漫夸奇，似此无惭姑射肌，
太白何尝携客饮，醉中细校郭君碑。

李白因匆忙访友，在杏花村未留诗句，只在离别汾阳时，写过一首《留别西河刘少府》诗，西河是汾州别称。

张旭（675年—约750年），字伯高，一字季明。唐代开元、天宝时在世。以草书著名，与李白诗歌、裴旻剑舞并称为“三绝”。诗亦别具一格，以七绝见长，与李白、贺知章等人共列饮中八仙之一。与贺知章、张若虚、包融号称“吴中四士”。书法与怀素齐名。性好酒，每醉后号呼狂走，索笔挥洒，时称张癫。

李白与杜甫对饮的蜡像

李白回到太原，日饮干和汾酒，眷恋故土，灵感犹多，写下不少诗句，如《太原早秋》：“梦绕边城月，心飞故国楼。思归若汾水，五日不悠悠。”还有《静夜思》：“床前明月光，疑是地上霜。举头望明月，低头思故乡。”虽思乡心切，但转念又写出了：“琼杯倚食青玉案，使我醉饱无归心。”看来，只要有像干和那样的好酒，他连家也可以不回了。

唐代大诗人杜甫的祖父曾为汾州刺史，杜甫幼时常来汾州留居，正是干和汾酒使杜甫对酒上了瘾、增了量，并转变为诗的催化剂。

杜甫的酒名虽不如李白，但嗜酒却有过之而无不及。杜甫十四五岁时，酒量便大得惊人，世称“少年酒豪”。正如他在诗中自白：“往昔十四五，出游翰墨场。”“性豪业嗜酒，嫉恶怀刚肠。”“饮酣视八极，俗物都茫茫。”

在李肇撰写的《唐·国史补》中，也有“河东之干和、葡萄，郢州之富水，乌程之若下”之语。

晚唐诗人杜牧于会昌年间在池州任刺史时，曾游访杏花村，写下了名作《清明》诗：

清明时节雨纷纷，路上行人欲断魂。

借问酒家何处有？牧童遥指杏花村。

这首诗含蓄地、但很艺术地表达了他在杏花村酒家小酌干和汾酒，避雨、消遣的欣喜之情。

杏花村内有一口凿于唐代的古井，此井为青砖砌壁，深3米，井径0.8米，据传便是杜牧在时而凿。

在干和汾酒名传全唐的同时，竹叶青酒也有了进一步发展，被咏唱传诵。初唐诗人王绩在《过酒家》诗中赞曰“竹叶连糟翠，葡萄带曲红”。

干和汾酒为唐代的大诗人们带来了无尽的情思，个中滋味，后人只能从诗中细细品味，赋予遐想。

自唐至清，杏花村昌盛繁荣，亭台楼榭，茅屋酒帘，十里杏花，灿若红霞。“黄公酒垆”成为当地著名景区之一。

唐代围绕酒还出现了一系列的文化娱乐活动，诸如咏诗、酒令、樗蒲、香球、投壶、歌舞、蘸甲等，汇成了熏染一代的饮酒风俗，使古老的我国酒文化得到了既广泛又深入的发展。

阅读链接

相传杜牧在池州任刺史时，经常带着他的官妓程氏到这一带饮酒作诗，程氏能歌善舞，懂诗作词，深得杜牧的喜爱。

在唐代，县令、县尉都在全国范围内调动，不能带家属，杜牧当时40多岁，许多生活料理都是官妓程氏长期服侍，这样，就成了他的次妾，当时唐代明文规定，所有地方官不能娶民间的女子作妻妾，杜牧只好将已怀孕的程氏嫁给了石埭县长林乡乡绅杜筠，生下了杜牧的儿了杜荀鹤，后来人们改称程氏为鹤娘。

宋元时期汾酒的制曲酿酒

从隋、唐、宋、辽、金一直到元代，使用“干和”工艺酿造的汾酒，连续800年称雄酒坛，历数代而不衰，成为世界酒文化中的一大奇观。

两宋时期，宋与辽继而与金之间长久对峙，自然要以国家的财力物力为代价，酿酒业再次为填补国家的财政缺口发挥重要作用。

汾酒酒窖

■汾酒展台

“国酒昌，汾酒兴”。宋时，杏花村酒家林立，产销两旺，每年端午节时都要举办“花酒会”。届时，各地的名花异草，陈年美酒，云集杏花村，远近客商百姓，纷纷赶来品酒赏花，热闹非凡。

特别是八槐街车水马龙，甘露堂、醉仙居、杏花春等酒家纷纷翻新房屋，增加铺面，酒旗高挂，并集资建了大戏台，与周围的老爷庙、真武庙、郎神庙和宏伟的护国寺浑然一体，气势非凡。以八槐街为中心，逐渐形成了多达70余家酒垆的酒乡闹市。其中甘露堂、醉仙居门执纱灯上书写“太白遗风”大字，格外醒目。

宋时，汾酒仍称为干和，每年向朝廷贡酒，均由甘露堂大酒肆提取，故宋时汾酒又被称为“甘露堂”。张能臣《酒名记》载：“汾州甘露堂最有

端午节 农历五月初五。起源于我国，最初是我国人们祛病防疫的节日，后来传说爱国诗人屈原也在这一天死去，这天也同时成了纪念屈原的传统节日，传播至华夏各地，民俗文化共享，追怀华夏民族的高洁情怀。

名。”甘露堂成为当时汾酒“干和”工艺的代表。

当时汾州所产“羊羔酒”也很有名气，《北山酒经》详细记载了其酿法：

> 取肥嫩之羯羊肉，加水煮烂，肉丝加于米之上蒸饭，肉汁在蒸饭过程中加入米饭内，或在下酿时加入米饭中，酿法同其他酒。由于作料加入了羊肉，因而味极甘滑。

《北山酒经》中提出，判定酒曲好坏的主要标志，是曲中有用的霉菌长得多少，“心内黄白，或上面有花纹，乃是好曲。”这成为后世初步判定汾酒大曲青茬曲的质量标准。这种技术上的绵延流传，也证明了汾酒在宋代的制曲酿酒技术之高。

《北山酒经》中又载：“竹叶青曲法”和“羊羔酒法”在原来曲子配方的基础上又加进了川芎、白术、苍耳等，以增加酒的风味。这和后世竹叶青酒的做法已比较接近。

世情小说《金瓶梅》中有“一杯竹叶穿肠过，两朵桃花脸上来”的对联，说明竹叶青酒在当时名气之大，流传之广。

汾酒历经唐宋的重大发展、转变后，在元代开始出口西欧，汾酒

竹简《酒经》

代表着我国酒业一步步走向成熟，走向国外、跻身于世界名酒之列。

元代，我国的蒸馏白酒得到了较大的发展和普及，尤其在北方逐步与黄酒平分秋色。杏花村在宋时发展起来的羊羔酒，在元代经过工艺改革，成酒后色如冰清，香如幽兰，味赛甘露，即成酒中绝佳，很快闻名全国。

不仅国人称道，连洋人也嗜饮，政府于是将羊羔酒以我国特产出口英、法等国，并在出口酒瓶上贴上杏花村商标，商标上尚有一副题联："金蹬马踏芳草地；玉楼人醉杏花天。"这是我国第一次贴标出口。从此，山西杏花村的羊羔酒便在世界崭露头角，为中华美酒增光添彩。

至元末，杏花村各酒坊所产之酒作为汾州府最重要的特产，几乎成了汾州府的代名词。故而杏花村各酒坊的酒开始被统称为"汾酒"，远销省外和国外之酒则署名"山西汾酒"。

金辽时期，汾阳地区的酒具比较丰厚，而且地方特色非常明显，如辽三彩龙把葫芦瓶、白釉鸡首斋、白釉鸡冠壶；金代黑釉堆贴人头纹双系把流壶、褐釉双鱼酒瓶，等等。

名酒配名器，相映竞争辉，使得汾酒文化和我国酒文化更加流光溢彩。

阅读链接

从史料中可知，以"干和"工艺为特色的汾酒，经历了隋、唐、宋、辽、金直到元仍有名，是6个朝代的"国家名酒"。同时也说明，汾酒在公元561年至564年间，以"清酒"的技术革新一举成名之后，又在工艺上有了大的突破。

比如，元代宋伯仁《酒小史》罗列当时全国名酒，"汾州干和酒"、"干和仍有名"又列其中。

明清时期汾酒的繁荣振兴

明太祖朱元璋画像

公元1638年，朱元璋称帝，建立大明王朝，改元洪武。而就在同一年的正月，离帝都千里之遥的山西杏花村，有一家酒坊换了新老板，老掌柜因病去世前，把酒业和女儿一起托付给了徒弟刘嘉杰。

大明王朝新建，百废待兴，朱元璋面临一件非常重要的事，新王朝需要发行新货币，并颁布制钱，他计划在国库里把元代的钱币熔化重新铸造。但前朝撤退时搬空了国库的银子，于是朱元璋下令各个地方要员想办法筹钱。

在山西负责全面工作的将军郝景田接到皇帝的命令后，急忙召下属文武官员商讨对策。可是几天下来，也没想出好办法。最后，他在全省张贴了一个布告，凡大明百姓，能想到筹钱方法者，如能采用，呈报皇帝奖励，可提升为官员。另一方面在私下里却传出一条消息：对一毛不拔的富豪，朝廷绝不手软。

布告一经张贴，山西就沸腾起来了，应者如云。民众想尽种种方法，希望博得一官半职，但大多都不切实际，或者冒犯皇帝忌讳，皆不敢采用。

消息传到了酒坊老板刘嘉杰的耳朵里，刚接手生意的他，最忧心的就是被朝廷收缴家产。他听说城里有几家大商行因为不捐款都被抄家了，感到坐立不安。

一番思索后刘嘉杰找到郝将军，与其他献策者不同，他直接对将军说："我愿意捐献纹银一万两。"将军不解，刘嘉杰解释道："皇帝还我华夏衣冠，我辈商人，不能左右侍候，也不能征战沙场，唯有献上些许银两，以资国家。"

郝将军大喜，表示要呈报皇帝，奖励他的行为。但是刘嘉杰却拒绝了，这让郝将军更加高兴。

回到酒坊后，刘嘉杰苦思如何才能宣传到位，在捐出的上万两银子当中找回一些损失来。刘嘉杰心想，皇帝要铸铜钱，何不直接在铜钱上做文章呢？自家产的酒取名杏花村，一则因为产地，二则取了大诗人杜牧的诗意"牧童遥指杏花村"，可不可以在铜钱背面铸一个牧童呢？

制钱 我国历史上按其政府法定的钱币体制由官炉铸行的钱币，以别于前朝旧钱和本朝的私铸钱。并对旧钱、私铸钱进行取缔和制约。明代制钱始于1368年，当时在各行省设宝泉局铸"洪武通宝"钱，严禁私铸。清代制钱始于1644年，当时在北京设户部宝泉局、工部宝源局铸"顺治通宝"钱。

刘嘉杰将这个想法禀报给郝将军，将军同意他的方案。山西新印制的铜钱，采取政府统一的模具，正面印制"洪武通宝"，背面则是牧童骑牛吹笛的图案。

当成品流行于市的时候，所有的人都感到十分好奇，人们纷纷询问这图案是什么意思，后来大家都知道了刘嘉杰掌柜捐资助军的事情。就这样，汾酒"杏花村"名声大振。

一年后，大明王朝走上了正轨，为避免落下口实，刘嘉杰取消了在铜钱上印制的广告，但前期的制钱早已流通民间，"杏花村"的大名无人不知了。

杏花村中有一座粉墙青瓦的建筑，被称为"陆舫"。据历史记载，最初是一座小桥，由于风景优美引得无数才子佳人来此赏景叙情，到明朝时贵池县令成都人张灿垣修建了一下，取名"陆舫"。

■ "牧童遥指杏花村"雕塑

■ 傅山为杏花村申明亭古井题写的“得造花香”

杏花亭则是当年为一些文人墨客来这里会友观景而特别建造的。此亭最早在明嘉靖年间由山西蒲州人张邦教兴建的，并撰联“胜地已无沽酒肆，荒村忽有惜花人。”后来此亭又于崇祯年间由时任池州知府的顾元镜重修。亭内书有杜牧《清明》诗中的石碑而成为杏花村的象征。

明代王世贞在《酒品》中曾称赞汾酒说：

> 羊羔酒出汾州孝义等县，白色莹澈，如冰清美，饶有风味，远出襄陵之上。

明末爱国诗人、书法家和医学家傅山，曾为杏花村申明亭古井亲笔题写了“得造花香”4个大字，说明杏花井泉得天独厚，酿出的美酒如同花香沁人心脾。酿造名酒，必有绝技。

明末时，李自成进军北京，路经杏花村畅饮汾酒，赞誉为“尽善尽美”。

到了清代，杏花村汾酒业继续发展。唐时杏花村

傅山（1607年—1684年），初名鼎臣，字青竹，改字青主，又有真山、浊翁、石人等别名。明清之际著名的学者，哲学、医学、儒学、武术及诗、书、画等无所不通。与顾炎武、黄宗羲、王夫之、李颙、颜元一起被梁启超称为“清初六大师”，在当时有“医圣”之名。

■汾酒

有72家酒作坊，经过明末清初的发展，至清中期更增至220余家。

1736年，26岁的乾隆皇帝登基，他这时已经注意到了市场上直线上升的粮价。很多大臣也都向乾隆皇帝进谏，要禁采曲酒，因其消耗粮食较大，怕大灾之年粮食供应没有保障。乾隆皇帝年纪虽轻，但行事老成，并未断然下旨，而是要求各地汇报采曲酒的情况，再作决定。

在众多的奏折当中，甘肃、山西巡抚所上奏折中出现了“汾酒”，这是“汾酒”称谓在正史中的第一次出现，进一步佐证了汾酒的历史。

1737年农历八月初五呈给乾隆皇帝的《甘肃巡抚德沛为陈烧酒毋庸严禁以免国法纷纭事奏折》中，记载了用汾酒称谓陈奏：

> 查甘省烧酒，向用糜谷、大麦。计其工本、通盘核算，每糜麦一斗，造成烧酒，仅获利银五分。缘利息既微，且民鲜盖藏珍重糜谷，是以无庸官严禁，而小民自不忍开设。至通行市卖之酒，俱来自山西，名曰汾酒。因来路甚遥，价亦昂贵。惟饶裕之家，始能沽饮；其蓬户小民，虽欲饮而力不胜也。是甘省非产酒之区，向鲜私烧之弊，似可毋庸置议。

奏折 也称折子、奏帖或折奏。清代官吏向皇帝奏事的文书，因用折本缮写，故名。奏折页数、行数、每行字数，皆有固定格式。奏折是重要官文书之一，它始用于清朝顺治年间，至清而废。奏折档案是最直接的原始文献史料。

奏折中的一个“俱”字，生动地说明了汾酒已然成为当时畅销甘肃，名传西北的名酒品牌。以至于无数小贩甘愿经历遥远的路途来引进山西汾酒。

1742年农历十二月十八日呈给乾隆皇帝的《护理山西巡抚严瑞龙为报地方查禁酒曲及得雪情形奏折》中，也记载有用汾酒称谓的奏报：

> 第查晋省烧锅，惟汾州府属为最，四远驰名，所谓汾酒是也。且该属秋收丰捻，粮食充裕，民间烧造，视同世业。若未奉禁止以前所烧之酒，一概禁其售卖，民情恐有未便。

从这份奏折则可以看出，山西汾州府的酿酒业至少在清乾隆时期已经非常鼎盛，汾酒更是酒中奇葩，四远驰名。当地的百姓则世世代代以酿酒为生，积累了丰富的酿酒经验。

这两份奏折，乾隆皇帝都作了朱批，并且对山西汾酒情有独钟。经山西巡抚多次上奏，最后未被列入查禁行列。

酒馆场景

清代乾隆晚期文学家、大诗人袁枚编纂的《随园食单》被公认为我国饮食文化的经典，他在介绍山西特产汾酒时描述说：

> 既吃烧酒，以狠为佳，汾酒乃烧酒之至狠者。余谓烧酒者，人中之光棍，县中之酷吏也。打擂台，非光棍不可；除盗贼，非酷吏不可；驱风寒消积滞，非烧酒不可。

袁枚把汾酒比作光棍、酷吏，可见汾酒度数之高，口感之烈。

1875年，汾阳的一个王姓乡绅在杏花村创立了“宝泉益”酒作坊，以产“老白汾”酒而闻名于世。

1915年，宝泉益酒作坊兼并“德厚成”和“崇盛永”，易名为“义泉泳”。就在这一年，老白汾酒在巴拿马万国博览会获甲等金质大奖章。

当时的《并州新报》以“佳酿之誉，宇内交驰，为国货吐一口不平之气”醒题，向国人欢呼曰：“老白汾大放异彩于南北美洲，巴拿马赛一鸣惊人。”自此，老白汾酒誉驰中外，名震四海。

阅读链接

汾酒是清香型白酒的典范，堪称我国白酒的始祖，我国许多名酒如茅台、泸州大曲、双沟大曲等都曾借鉴过汾酒的酿造技术。

酿造汾酒是选用晋中平原的“一把抓高粱”为原料，用大麦、豆制成的糖化发酵剂，采用“清蒸二次清”的独特酿造工艺。所谓“人必得其精，水必得共甘，曲必得其时，高粱必得其真实，陶具必得其洁，缸必得其湿，火必得其缓”。在后世汾酒酿造的流程中，它仍起着不可替代的关键作用。

第二酒坊

水井坊酒

水井街酒坊遗址是一座元、明、清三代川酒老烧坊遗址。水井街酒坊上起元末明初，历经明、清，呈“前店后坊”布局，延续600余年从未间断生产，是我国古代酿酒作坊和酒肆的唯一实例，被认定为“中国最古老的酒坊”。

水井坊酒传承酒文化之精粹，历久弥新，诠释了我国白酒的功能及酒的美学内涵，点点滴滴皆为天地灵气，是我国古代劳动人民的智慧的结晶。

水井街佳酿水井坊酒

元末明初的成都府，有一条地处东门之胜的水井街，是成都的水陆交通辐辏之地。达官、文人时常在此登临览胜、吟诗填词，市民百姓们亦纷纷在此娱乐联欢，车水马龙，商贾云集。

当时，有一个姓王的小客商在水井街建造一个小酒坊。酒坊的主人精于酿酒技艺，拥有自己的酒铺是他毕生的心愿所聚，筹谋已久，

成都水井坊牌坊

几经奔波，终于开设了一家前店后坊式的酒作坊。

其实，王客商之所以在此地开酒坊，除了因为这一带人员流动大以外，更主要的是因为这里有一塘好水，也就是后来的“薛涛井”。这里的水清澈甘甜，正是酿酒的最佳水源。

■诗人薛涛画像

薛涛井是人们为纪念唐代女诗人薛涛而命名的。薛涛出身贫寒，而才华出众，在成都度过了她的一生，和当时的元稹、白居易、牛僧儒、令狐楚、裴度、严绶、张籍、杜牧、刘禹锡等这些文豪，竞相唱和，写了大量诗篇，其中有不少是歌颂祖国大好河山、关切劳动人民疾苦的佳作，对中唐文化的发展起到了一定的作用。薛涛的《洪度集》以及她创制的“浣花笺”一直流传千年，影响深远。

薛涛（约768年—832年），字洪度。唐代女诗人，因父亲做官而来到蜀地，父亲死后薛涛居于成都。当时成都的最高地方军政长官剑南西川节度使前后更换十一届，大多与薛涛有诗文往来。曾居浣花溪上，制作桃红色小笺写诗，后人仿制，称为“薛涛笺”。

薛涛井之说，始于明代，宋、元以前不见记载。据明代何宇度《益部谈资》及曹学佺《四川名胜志》，薛涛井旧名“玉女津”，水极清澈，石栏环绕，为明代蜀地地方官制笺处，每年三月初三，汲此井水造薛涛笺24幅，入贡16幅，余者留藩邸自用，从不在市间出售。

由此可见，当时的“玉女津”，还在为仿效当年薛涛在浣花溪制造浣花笺而提供井水。

明代文学家杨慎《别周昌言黄孟至》有云：“重

成都薛涛井遗址

露桃花薛涛井，轻风杨柳文君垆。”这是诗歌中第一次出现“薛涛井”的例子。

明天启年间成书的《成都府志》对薛涛井有更多的记载：“薛涛井，旧名玉女津，在锦江南岸，水极清澈，石栏周环，为蜀王制笺处，有堂室数楹，令卒守之。”

年复年年，锦江有时水涨水消，殃及池塘和附近农田，因此又在“玉女津”前建“回澜塔”，后建“雷神庙”，以镇水怪。至明末，“玉女津”也由于历年变迁，渐渐地缩小成为了井的模样，仅供当地住户取水使用了。大家为了称呼方便，约定俗成，就这样把这里叫成了“薛涛井”。井的旁边就是滔滔锦江，四周田畴纵横，树影婆娑，云雾叆叇。

“薛涛井”的左面是水码头，右面是清水池塘，地下水脉与锦江相连。因为塘底是由多层沙石构成，所以塘水清洌，澄澈照人，是酿酒用水的最佳选择。

元末明初之际，王客商就是利用一塘好水即薛涛井的水酿酒。从那时起，酒坊自酿的美酒香遍府河、南河交汇一带无数大街小巷。

由于王客商的成功，后来水井街地区酒坊增多，如外东星桥街的周义昌永糟坊及谢裕发新糟坊，水井街的胡庆丰隆糟坊，中东大街的杨义丰号糟坊和彭八百春糟坊，外东大安街的傅聚川元糟坊，锦江桥的邓新泰源大曲烧房和陈大昌源糟坊。当时的水井街有名的酒有“锦春烧”、“天号陈”等。

冀应熊 清代河南辉县人。顺治末为成都知府。传说内江儒学后有石壁甚奇，冀应熊好作擘窠大书，一日至内江谒文庙，爱石壁之奇，书于石上，石破有清泉一泓，鱼十余条，游泳其中。见风水涸，鱼皆化为石。

明代末年，水井坊很可能毁于火灾，之后被废弃。清代初年，有一个酿酒世家的王姓陕西人来到成都，他看到水井坊这个废墟，认为这里是一个酿酒宝地，于是就把它买了下来，开始酿酒，经营酒坊。

王家酒坊继承了老品牌“锦春烧”、“天号陈”，开发了“薛涛酒”等新酒，事业也是越做越大，越做越红火。薛涛酒即是用薛涛井的水精心酿制而成的。当时的成都知府冀应熊曾手书“薛涛井”三字，勒石立于井前。

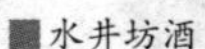
■水井坊酒

1786年，王姓三代孙将酒坊设在了香火极盛的大佛寺附近，名“福升全”，一是看中了大佛寺的风水宝地，二是看中了附近的薛涛井。

福升全采用薛涛井水酿酒，酿出的酒品质绝佳，一传十，十传百，不久“水井坊”就远近闻名了。许多人慕名而来，还有人托亲友代购，为的就是要好好地“品一品水井坊的酒”。

1795年，成都学使周厚辕来到成都，先在杜甫草堂、武侯祠题写之后，又来到薛涛井旁，雅兴盎然、浮想联翩。他推断薛涛井水既可汲来制笺，那么薛涛应该就住在此地，于是即兴手书了唐代诗人王建《赠薛涛诗》：

> 万里桥边女校书，枇杷巷里闭门居。
> 扫眉才子知多少，管领春风总不如。

周厚辕又自己另外写了首《薛涛井诗》，然后将两首诗刻石附立“薛涛井”两旁，并修建成了牌坊的形式。

诗人薛涛雕塑

因为水井坊的酒是汲薛涛井水酿制的，所以当时的名人雅士总爱将水井坊与薛涛、薛涛井联系在一起。清代诗人冯家吉在某次美酒微醺的时候，写了《薛涛酒》一诗：

> 枇杷深处旧藏春，井水留香不染尘。
> 到底美人颜色好，造成佳酿最熏人。

才女薛涛聪明过人，美丽过人，薛涛井水清澈甘甜，是酿酒的最佳水源，所以才有了“水井坊”薛涛酒的香味隽永，回味悠长。同时，也因为有了水井街这样的风水宝地，有了水井坊这样的名酒酿造厂，薛涛井水的“内秀”才得以彰显。

1824年，历时数十年的福升全已是成都

的老字号了。这时的福升全正面临着扩大经营。为了光大老号，福升全的老板在城内暑袜街建立了新号，取福升全的尾字作首字，更名为全兴成，所酿之酒名为“全兴大曲”。

随后，周围的餐馆似乎都成了以全兴烧坊为主的饮食配套系列。远远近近的客人，不论走进哪家馆子，全兴酒都成了他们解乏消愁的最佳选择。“全兴酒”甘醇、浓香、爽口、绵甜，超过“薛涛酒”，酒盛至极！

清代著名小说家李汝珍《镜花缘》中将“成都薛涛酒”列入全国50余种名酒之中。

经过几代酿酒名师的精心培育，水井街的好酒不仅名动成都府，更是远传出川西坝子，整日里大江南北前来沽酒的商贩络绎不绝。酒坊的规模日益壮大，从发掘出的遗址可以看出，当时的水井街酒坊已是行业龙头，规模之大，无人出其右。

阅读链接

水井坊自然老熟的窖池，是经过几年几十年甚至几百年的时间，酿酒酒糟和黄泥窖池的不断接触，互相渗透老化，香味物质、微生物、营养物质等成分的不断积累产生的窖泥，从而组成的所谓百年老窖。浓香型白酒的窖香主要就是靠窖泥产生的，正所谓“窖香浓郁”，就是根据它发出的自然香味得来的对酒的评述语。

我国民间常把往事比作陈年老酒，水井坊酿造的是600多年的悠远历史，还有古老浓郁芬芳的水井坊酒文化，传承不息。

水井坊遗址与酿酒工艺

水井街酒坊遗址位于四川省成都市锦江区水井街，地处成都府河与南河交汇点的东北。面积约1700平方米，发掘面积近280平方米。

水井坊遗址遗迹包括晾堂3座、酒窖8口、炉灶4座、灰坑4个，以及路基、木柱、酿酒设备基座等。其中晾堂的年代，分属于明清两代。

■明代饮酒器具青铜爵

遗址中发掘出大量的陶瓷器具，有碗、盘、钵、盆、杯、碟、勺、灯盏、罐、壶、缸、砖、瓦当、井圈等。还有少量石臼、石碾、石盛酒器、铁铲、兽骨、竹签、酒糟等。其中以酒具最为丰富，种类有青花、白釉、青釉、酱釉、黑釉、粉彩瓷等品种。陶片壁较厚，多为红胎，部分器物表面施釉。

■古人井中取水图

这些青花瓷器装饰图案题材种类繁多，以折枝和缠枝花卉纹、卷叶纹、松、竹、梅等植物类图案最为丰富。少数青花瓷器内底或外底还有题款，如“永丰年制”“成化年制”“大明年造”“同治年制”等年号内容。

此外，还有“锦春”、“兴”、“天号陈”、“玉堂片造”等名号内容，以及“永保长寿”、“福”、“吉”、“元第”等吉语内容。瓷器装饰图案的题材和题款的文字内容可谓包罗万象，涉及古代社会生活的各个方面。

水井坊作为“中国白酒第一坊”，是我国历史上最古老的白酒作坊。在水井街酒坊遗址的各种与酿酒相关的设备遗迹及遗物，是人们认识我国传统蒸馏酒酿造工艺流程和技术水平的演变的宝贵实物资料，由此可以大致复原当时蒸馏酒酿造生产的全部工艺流程。

青花瓷 又称白地青花瓷，常简称青花，是我国瓷器的主流品种之一，属釉下彩瓷，具有着色力强、发色鲜艳、烧成率高、呈色稳定的特点。景德镇出产的青花瓷最为著名。

蒸煮粮食是酿酒的第一道程序，粮食拌入酒曲，经过蒸煮后，更有利于发酵。将酿酒原料高粱等谷物

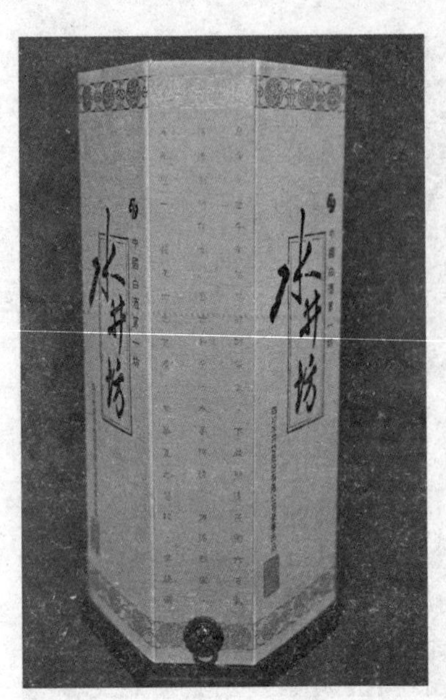
■水井坊包装

予以碾制加工，然后置于灶内进行蒸煮。水井坊遗址建于清代的灶就是当时承担原料蒸煮加工用的。

第二步发酵过程是技术性最强的一道工序，又可分为前期发酵和后期发酵两步，通常分别在晾堂和酒窖中完成。

水井坊遗址有3座晾堂，依次重叠，建筑材料有青灰色方砖和三合土两种。清代方砖晾堂表面凹凸不平，而年代更早的明代和元代土质晾堂却显得十分平滑。这是由于清代晾晒工具更为坚硬所造成的。

晾堂主要是拌料、配料、堆积和初步发酵的场地。工人们把蒸煮之后的酿酒原料摊放于晾堂之上，随后用石臼等捣制工具将曲药捣碎，均匀地拌入其中，进行晾堂堆积发酵。

这是固态发酵工艺的预发酵或前发酵，以收集、繁殖酵母菌为主要目的，又叫晾堂操作。这是前期发酵过程。而发酵的主要过程则是在酒窖内完成的。

经过晾堂堆积发酵之后，酿酒原料接着被工人们投入泥窖，并封闭严实让其发酵变酒和脂化老熟，这个周期所需时间较长，一般为50天至70天。

晾堂旁边的土坑是酒窖遗址。酒窖一般位于地下，呈口大底小的斗状，窖口形状多系长方形，规格不一。水井坊8口酒窖的年代从明代到近现代均有，

三合土 一种建筑材料。明代，有石灰、陶粉和碎石组成的“三合土”。在清代，除石灰、黏土和细砂组成的“三合土”外还有石灰、炉渣和沙子组成的“三合土”。

内壁及底部都采用纯净的黄泥土填抹而成，窖泥厚度8厘米到25厘米不等。部分酒窖内壁插有密集的竹片，用来加固涂抹的窖泥层。

> **烟炱** 指从烟囱分离下来的或被烟道气冲刷出来而后，落到烟囱周围地区的煤烟。烟炱可作炭黑生产，用于颜料、墨、油墨、油漆工业，也广泛用于橡胶的增强剂。

第三道工序蒸馏就是浓度提纯，所需设施为蒸馏器。经窖池发酵老熟的酒母，酒精浓度还非常低，需进一步蒸馏和冷凝才能得到较高酒精浓度的白酒。

传统酿酒工艺采用俗称“天锅”的设备来完成蒸馏、冷凝工序，其基本结构大致是在圆筒形基座之上重叠安放两口大口径铁锅，再配以冷凝管道及盛接窗口等设施。水井街酒坊遗址的酿酒设备基座遗迹虽仅存底部，但从其形状和内部的烟炱痕迹判断应是“天锅”的基座遗存。

当年的工人们在铁锅或木桶内装入脂化老熟的酒母，从基座下部加热进行蒸馏，同时在顶部的铁锅内注入冷水，并不断更换，使汽化的酒精遇冷凝结成液体，从而使酒精浓度不断提升，直至达到要求。最后

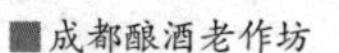

■成都酿酒老作坊

■古代酒铺

蒸馏而出的酒被装在相应的容器里封存或出售。闻着酒香，想想也是一种快乐的事情。

大致说来，清代的酒灶、晾堂、酒窖、蒸馏器等遗迹均应是同一酿酒流水作业线上的配套设施。

明清时期，酿酒机械化程度不高，当时水井坊用精选的粮食，以严格得近乎苛刻的工艺酿制水井坊酒。工人们挥汗如雨，伴着有节奏的歌子劳作，古铜色的肌肤因长期劳动而健康有力。闲暇时，酿酒的工人品着自己酿造的玉液琼浆，脸上会浮现出舒心的笑容，自豪感油然而生。

老虎窗 是天窗的演变，天窗即屋顶窗，原用于平房上层通风采光，历史上中国式平房上层从来不住人，是隔热层，房屋发展为斜屋顶后，老虎窗就是在斜屋顶面上凸出的窗，用作房屋顶部的采光和通风。

除了地面上完整的古窖群，水井坊还有设计巧妙的“老虎窗”。这种在屋顶向上开的窗因为很像老虎张大的嘴而得名。“老虎窗”既能使新鲜空气进入酒坊里，又能使酒坊内常有的蒸汽散发出去。这种具有重要功能的建筑结构留传后世，而全木建筑结构也形成了壮观的节奏美。

当年的水井街有许多酒店，酒旗随风飘舞，酒店的字号就随着酒旗的翻卷时隐时现。客人来了，打几两酒，要几碟成都名小吃当下酒菜，品着水井烧坊的美酒，赏着锦江的春色，真是一种快意人生。

我国所有白酒的窖池是都是有生命力的，在它的窖泥中生活着数以万计的微生物，窖池越老，酿酒微生物家族也就越庞大，所酿之酒也就越陈越香。

酿酒的先人们之所以要把酒窖建在地面以下，也许和历代的禁酒有关。我国古代禁酒的历史很早，传说商朝就灭亡于酗酒，到了西周建立的时候，周公就作出决定禁止大家喝酒，朝廷也不能喝酒，所以在以后的历朝历代都有禁酒令，酒可以卖，但是却由国家专卖。

由于北方很不稳定，而南方的四川因地理的原因比较封闭一些，大量中原人逃难至四川，朝廷鞭长莫及，因此在此地域的统治比较薄弱，而在地下挖窖酿酒也不容易被看见。

周公 周朝爵位，得爵者辅佐周王治理天下。历史上的第一位周公名叫姬旦，也称叔旦，因封地在周，故称周公或周公旦。他大约生活于公元前1100年。是西周初期杰出的政治家、军事家、思想家和教育家，被人们尊为儒学奠基人。

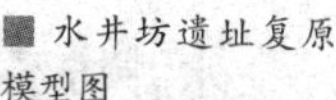

■ 水井坊遗址复原模型图

更重要的是，这个最初偶然产生的应对方法，在日积月累的演变中，居然成为我国酿酒工艺中一个特殊的门类。

在四川之外的地域，自古以来都是用陶缸发酵，而直接跟土壤接触、用土窖发酵的，它的发源地就是成都平原和四川盆地，只有这里才能产生非常好的浓香型的酒。

水井坊窖池历元、明、清三代，经无数酿酒师精心培育，代代相传，前后延续使用600余年，纳天地之灵气，聚日月之精华，由此孕育出独有的生物菌群，赋予水井坊独一无二的极品香型。

在连续使用的水井坊窖池中，有大量的赋予水井坊极品香型的特有菌种，后世利用科学技术，研究古法发酵酿酒的秘密，激活繁殖宝贵的古糟菌群，一举生产出了我国高档白酒“水井坊”。

后世的水井坊酒，是古水井坊酒窖得天独厚的微生物环境和精妙的古法酿酒工艺，与现代科技水乳交融的结晶，传统与现代，技术与艺术，在此完美结合。使水井坊酒具有上佳的品质：晶莹剔透，窖香浓郁，陈香优雅，醇厚绵甜，回味悠长。

水井坊不仅是我国最古老的酿酒作坊，而且是我国浓香型白酒酿造工艺的源头，是我国古代酿酒和酒肆的唯一实例，水井坊传承酒文化之精粹，历久弥新，诠释了我国白酒的功能及酒的美学内涵，点点滴滴皆为天地灵气与人类智慧的结晶。

阅读链接

水井街酒坊这一沉睡于地下数百年的我国传统酒文化瑰宝，终于展现在了世人面前，大放异彩。这不仅为探讨我国白酒的起源及制造工艺等提供了珍贵的实物资料，而且也为填补我国科技发展史上的空白起了一个很好的开端。

在水井坊第三层遗址的下面，很可能还埋藏着更早年代的遗物和遗址，不同历史层面的废弃、启用的真相也许还有其他的可能，未来的进一步发掘会给人们一个更加合理的解释。

传统名酒

我国历史上的名酒灿若星辰，难以尽数，但是流传下来的名酒却是有数的。其中的西凤酒是我国古老的历史名酒之一。绍兴黄酒是我国黄酒中的代表，也是世界上最古老的酒类之一。李渡烧酒是我国酒业的国宝，酒文化的重要代表之一。

除此之外，还有古蔺郎酒、沱牌曲酒、刘伶醉烧锅、北京二锅头、衡水老白干、山庄老酒、梨花春白酒、菊花白酒以及宝丰酒、金华酒等。都有各自的酿造技艺，形成了我国酒类百花齐放的局面。

西凤酒的历史及酿造技艺

神农氏画像

我国秦岭北麓，渭水流经八百里秦川，其西部一带，传说是炎帝神农氏开辟农业文明的地方。

炎帝“长于姜水”，并有神农教民种五谷的神话。一天空中飞来一只朱红色大鸟，嘴衔一株九穗禾飞动时撒下谷粒。炎帝拾起，教人播种田间，长出嘉谷，人们食之，不但充饥，还能健康长寿。这大鸟就是神鸟“凤”，百姓敬仰，“见则天下大安宁”，呈吉祥之意。

周人的先祖也在这片土地上创业，春秋战国时的秦德公于此建都雍城，汉、魏、北朝、隋、唐历代置

■西凤酒

郡设县。757年，唐肃宗即李亨将雍州升为凤翔府。

凤翔的得名，远取于传说。周宣王史臣萧史善箫管作凤鸣声，秦穆公以女弄玉相许，萧史每日教弄玉吹箫，一天有赤龙、紫凤飞来，于是弄玉乘凤、萧史乘龙，双双飞升而去。

唐代的神话又添新说。“安史之乱”危及雍州，守将李茂贞调集民夫选址筑城，三筑三塌，民心惶惑。忽然一个雪夜有凤栖落城北，饱饮甘泉，后在雪地起舞，绕一大圈。李茂贞闻听赶来，果真见雪地爪印，便按留下印迹的方位筑城。唐肃宗以为自己恩德感动神鸟，改号至德，更雍州为凤翔府，以为吉祥。

自古以来，凤翔流传“三绝”的民谣：“西凤酒，东湖柳，女人手。”酒是情美，柳是景美，手则是心灵的美，西凤酒即由它的产地而得名。

西周时期凤翔已有酿酒，境内发现的大量西周青

神农氏 我国古代神话人物。本为姜水流域姜姓部落首领，后以木制耒，发明了农具，教民稼穑、饲养、制陶、纺织及使用火，因功绩显赫，以火德称氏，故为炎帝，尊号神农，并被后世尊为我国农业之神。

■西凤酒

铜器中有各种酒器，充分说明当时盛行酿酒、贮酒、饮酒等活动。北宋时期《酒谱》记载：秦穆公伐晋，大军到河边时，秦穆公想犒劳将士，但只有一杯酒。于是秦穆公将这杯酒投之于河，三军皆醉。这就是流传在雍州“秦穆公投酒于河”的典故。由此可见，当时雍州已酿有酒。

佳酿之地，必有名泉。西凤美酒尤以凤翔县城以西柳林镇所酿造的酒为上乘。柳林镇的酿酒业之所以古今兴旺，长盛不衰，实赖本地优良的水质、土质等宜于酿酒。

据《史记·秦本纪》载，位于秦都雍城以西18里处的柳林，有一神泉，水味甘美，泉水喷涌如注，故名“玉泉”。百姓每遇疾病，即求饮玉泉之水，病患便随之而解；用此泉水所酿造的柳林酒，醇香典雅，甘润挺爽，在当时已被称为绝高佳酿，与秦国骏马一同被称为“秦之国宝”。

在柳林镇西侧的雍山，山有五泉，为雍水河之源头，其源流从雍山北麓转南经柳林镇向东南汇合于渭水。其流域呈扇形扩展开来，地下水源丰富，水质甘润醇美，清洌馥香，酿酒、煮茗皆宜，如存放洗濯蔬菜，有连放七日不腐之奇效。

本地土壤适宜于做发酵池，用来作敷涂窖池四壁的窖泥，能加速酿造过程中的生化反应，促使脂酸的

《酒谱》成书于1024年，杂取有关酒的故事、掌故、传闻计14题，包括酒的起源、酒的名称、酒的历史、名人酒事、酒的功用、性味、饮器、传说、饮酒的礼仪，关于酒的诗文等，内容丰实，多采“旧闻”，且分类排比，一目了然，可以说是对北宋以前我国酒文化的汇集，有较高的史料价值。

形成。这些都是酿造西凤酒必不可缺的天赋地理条件。

到了汉代，雍城的酿酒业发展更快。西汉时期，自汉高祖至汉文帝、汉景帝的祭五畤活动，曾19次到雍地举行，“百礼之会，非酒不行”，耗酒量甚巨，自宫廷而至达官贵人“日夜饮醇酒”。

汉代民间婚丧嫁娶，请客送礼，也无不用酒。酒的产量和制酒工艺日渐提高，民间制曲技术亦有长足进步，进而逐步改进酿酒设备，遂开始了用高粱做原料，用大麦、豌豆做曲的蒸馏酒的酿造，于是烧酒开始问世。此种白酒便是西凤酒的早期前身，当时凤翔所产的白酒已颇有名气。

唐初，凤翔城内酿酒作坊更多，柳林、陈村等集镇酒业尤为兴隆。618年时，凤翔城内的“昌顺振”作坊即已创建，成为陕西最早的民间私人酿酒作坊。唐贞观年间，柳林酒就有“开坛香十里，隔壁醉三家”的赞誉。

据北宋王溥《唐会要》载：678年，吏部侍郎裴行俭沿丝绸之路护送波斯王子俾路斯回国途中，行至今凤翔县城以西的亭子头附近，突然发现路旁蜂蝶坠地而卧，顿感奇怪，逐命驻地郡守查明缘由。

当郡守沿途查询至柳林铺时，方知一家酿酒作坊刚从地下挖出一

汉代酿酒画像砖

制酒蒸馏工艺雕塑

坛窖藏陈酿，醇香无比，此酒味随风飘荡至柳林镇东南五里处的亭子头，使这一带蜂蝶闻之皆醉不舞，纷纷卧地不起。

郡守即向裴公禀报了实情，并将陈酒送与裴公。裴侍郎闻到醇香的酒味，顿觉倦意全无，精神焕发，即兴吟诗一首：

送官亭子头，蜂醉蝶不舞，
三阳开国泰，美哉柳林酒。

侍郎 我国古代官名。汉代为郎官的一种，本为宫廷的近侍。到东汉以后，为尚书的属官，初任称郎中，满一年称尚书郎，三年称侍郎。自唐以后，中书、门下两省及尚书省所属各部均以侍郎为长官之副，官位渐高。

裴公回朝时，命郡守将此酒运回长安，献给唐文宗皇帝，受到唐文宗的赞赏。自此以后，柳林酒以"甘泉佳酿，青洌醇馥"的盛名被列为贡品。酒品远销中原，沿丝绸之路销往西域诸郡。

唐代大诗人杜甫曾在凤翔领略过此酒的甘美风味，留下了"汉运初中兴，生平老耽酒"的诗句。

宋初，凤翔城内设置酿酒作坊多处，乡间里闾酿酒者极多，以所定岁课纳税，税利较大。所收之遗利，以助边费。

1062年，北宋文学家苏东坡任凤翔府签书判官时，对凤翔酒业发展颇为关注，在《上韩魏公证场务书》中指出，凤翔为全国著名的郡地之一，为生产陕西名酒的地方，如果限制酒业发展，便失去了税源，实在是国家财政上的巨大损失。

朝廷采纳了苏东坡建议，允许民间制曲酿酒，由官方收税。于是凤翔酒业得以兴旺发达，酒税也成为当时官府财政收入的重要来源。

苏东坡任职凤翔期间，引凤翔泉水，移竹艺花，树柳植荷，增亭设榭，筑台添轩，修葺东湖，建成了著名的“喜雨亭”，落成之日，曾邀朋欢盏，举酒于亭上，饮用的是柳林美酒，并留下了惊世名篇《喜雨亭记》。

苏东坡还在一首诗中用“花开酒美曷不醉，来看南上冷翠微”的佳句赞美了柳林酒，后世东湖仍有墨迹尚存，使之盛名日彰，被称为“凤翔橐泉”。

古代酿酒坊

相传宋昭宗在凤翔宴请侍臣时，曾捕鱼为馔，取柳林酒畅饮，李茂贞等侍臣得到这醇香甘美的酿中珍品，竟以巨杯痛饮，流连忘返，不能自已。

明代，凤翔境内"烧坊遍地，满城飘香"，酿酒业大振，仅柳林镇一带酿酒作坊已达48家。过境路人常"知味停车，闻香下马"，以品尝柳林美酒为乐事。

清咸丰、同治年间，凤翔县城与柳林镇等地酿酒作坊如雨后春笋般发展，酿酒技艺更加成熟，使酒品具有了独特的风格。

西凤酒以当地特产高粱为原料，用大麦、豌豆制曲。工艺采用续渣发酵法，发酵窖分为明窖与暗窖两种。工艺流程分为立窖、破窖、顶窖、圆窖、插窖和挑窖等工序，自有一套操作方法。蒸馏得酒后，再经3年以上的贮存，然后进行精心勾兑方出厂。

西凤酒无色清亮透明，醇香芬芳，清而不淡，浓而不艳，集清香、浓香之优点融于一体，幽雅、诸味谐调，回味舒畅。被誉为"酸、甜、苦、辣、香五味俱全而各不出头"。即酸而不涩，苦而不黏，香不刺鼻，辣不呛喉，饮后回甘，味久而弥芳之妙。属凤香型大曲酒，被人们赞为"凤型"白酒的典型代表。

阅读链接

在历史上，西凤酒曾在庆典之礼中发挥了重要的作用。据史料籍记载，殷商晚期，牧野大战时周军伐纣获得成功，周武王便以家乡出产的秦酒犒赏三军；尔后又以柳林酒举行了隆重的开国登基庆典活动。"秦酒"就是西凤酒，因产于秦地雍城而得名。

据凤翔的官方鼎铭文载：周成王时，周公旦率军东征，平息了管叔、蔡叔、霍叔的反周叛乱。凯旋后在岐邑周庙即今与凤翔相邻的岐山县，以秦酒祭祀祖先，并庆功祝捷。

绍兴黄酒的历史及酿制

公元前492年，越王勾践为吴国所败，带着妻子到吴国去当奴仆。临行之时群臣送别于临水祖道。谋臣文种上前祝道："臣请荐脯，行酒二觞。"当时的酒是浊酿，却已经叫越王仰天叹息，碰杯垂涕。这是黄酒在我国史册上第一次露面。这个黄酒就是绍兴酒。

勾践在吴3年，卧薪尝胆，当他回到越国，决心奋发图强。为了增加兵力和劳动力，他采取奖励生育的措施。据《国语·越语》载："生丈夫，二壶酒，一犬；生女子，二壶酒，一豚。"把酒作为生育子女的奖品。

越王勾践石像

据《吕氏春秋·顺民篇》记载，越王勾践出师伐吴时，父老向他献酒，他把酒倒在河的上

绍兴黄酒

流，与将士们一起迎流共饮，于是士卒感奋，战气百倍，历史上称为“箪醪劳师”。宋代嘉泰年间修撰的《会稽志》说，这条河就是绍兴南郊的投醪河。

醪是一种带糟的浊酒，也就是当时普遍饮用的米酒。这些记载说明，早在2500年前的春秋时期，越国的绍兴酒就已经十分流行。

绍兴地处东南，不产稷粟，向以稻米为酿酒的原料。所以当时绍兴地方所产之酒，无疑是属于上乘的。

西汉时，天下安定，经济发展，人民生活得到改善，酒的消费量相当可观。为了增加国家财政收入，汉武帝“初榷酒酤”，和盐铁一样，实行专卖。

东汉时期，会稽郡在越国时期开发富中大塘，兴建山阴故水道、故陆道基础上，进一步兴修水利发展生产，把会稽山的山泉汇集于鉴湖内，为绍兴地方的酿酒业提供了优质、丰沛的水源，对于提高当地酒的质量，成为以后驰名中外的绍兴酒起了重要作用。

魏晋之际，氏族中很多人为了回避现实，往往纵酒佯狂。这期间，在绍兴生发出不少千载传诵的佳话。

353年三月初三，大书法家王羲之与名士谢安、孙绰等在会稽山阴兰亭举行“曲水流觞”的盛会，乘着酒兴写下了千古珍品《兰亭集序》，可以说是绍兴酒史中熠熠生辉的一页。他儿子王徽之“雪夜访戴”的故事，也可以说是绍兴酒史中的一段佳话。

在晋代嵇含所著笔记《南方草木状》中，也提到了“女酒”的酿造储藏方法。“女酒”也就是绍兴“女儿红”的前身。

南北朝时，绍兴所产的酒，已由越王勾践时的浊醪演变成为“山阴甜酒”。清人梁章钜在《浪迹三谈》中认为，后来的绍兴酒就是从这种“山阴甜酒”开始的，并说：“彼时即名为甜酒，其醇美可知。”

王羲之（303年—361年，或321年—379年），字逸少，东晋时期著名的书法家，有“书圣”之称。其书法兼善隶、草、楷、行各体，精研体势，备精诸体，冶于一炉。风格平和而自然，笔势委婉含蓄，道美健秀。其中代表作《兰亭序》被誉为“天下第一行书”。

就绍兴酒本身来说，确实是质愈厚则味愈甜，如加饭甜于元红，善酿又甜于加饭。而且这种甜酒冠以“山阴”二字，以产地命名，自必不同于一般地方所产。由此不难推想绍兴酒特色在南朝时已经形成。

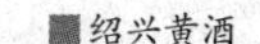

■绍兴黄酒

唐宋时期，绍兴酒进入全面发展阶段。唐时，绍兴称越州，又是浙东道道治所在。经济的发展，山水的清秀使这里成为人们向往之地。许多著名诗人如贺知章、宋之问、李白、杜甫、白居易、元稹等，或者是绍兴人，或者在绍兴做过官，或者慕名来游，他们和绍兴酒都有过不解之缘。

“酒中八仙”之首贺知章，晚年从

长安回到故乡，寓居“鉴湖一曲”，饮酒作诗自娱。

元稹在越州任刺史兼浙东观察使，此时白居易已为杭州刺史。两人自青年订交，是诗坛知己。在仅隔一条钱塘江邻郡为官，互相酬唱甚勤。绍兴的山水，绍兴的酒，成为他们这段时期创作中的重要内容。

宋代把酒税作为重要的财政收入。在政府的鼓励和提倡下，原来已有深厚基础的绍兴酿酒事业自然更为发展了。据《文献通考》所载，1077 年天下诸州酒课岁额，越州列在10万贯以上的等次，较附近各州高出一倍。

南宋建都临安，达官贵人云集，西湖游宴，“直把杭州作汴州”，酒的消费量很大。卖酒是一个十分挣钱的行业，当时绍兴城内酒肆林立，正如陆游说的“城中酒垆千百家”，“倾家酿酒三千石”，酒业达到了空前的繁荣。

徐渭（1521年—1593年），初字文清，后改字文长，号天池山人，或署田水月、田丹水、青藤老人、青藤道人、青藤居士、天池渔隐、金垒、金回山人、山阴布衣、白鹇山人、鹅鼻山侬等别号。是明代著名的文学家、书画家、军事家。与解缙、杨慎并称“明代三大才子”。

■刺绣《饮中八仙》

■绍兴黄酒馆

由于大量酿酒，原料糯米价格上涨，据《宋会要辑稿》所载，南宋初绍兴糯米价格比粳米高出一倍。糯米贵农民种糯米的自然多了。

南宋理宗宝庆年间所修的《会稽续志》引孙因《越问》说，当时绍兴农田种糯米的竟占一半以上。这种情况几乎一直延续到明代，以致连明代文学家、书画家徐渭都发出了“酿日行而炊日阻”的感叹，但反过来却正反映了绍兴酿酒业之兴盛。

元明清时，绍兴酒业进一步发展。1394年恩准民间自设酒肆，1442年改前代酒课为地方税，以后又采取方便酒商贸易，减轻酒税的措施，因此酒的交流加快。明代徐渭在《兰亭次韵》诗中无限感慨地说：“春来无处不酒家”，可见当时的酒店之多。

在明初，绍兴酒的花色品种有新的增加。有用绿豆为曲酿制的豆酒，还有地黄酒、鲫鱼酒等。万历《绍兴府志》：“府城酿者甚多，而豆酒特佳。京师盛行，近省地每多用之。”

明中期以后，新的社会生产力使绍兴的酿酒业登上了新的高峰，它的标志就是大酿坊的陆续出现。绍兴县东浦镇的“孝贞”，湖塘乡

绍兴花雕酒

的“叶万源”、“田德润” 等酒坊，都创设于明代。

“孝贞”所产的竹叶青酒，因着色较淡，色如竹叶而得名，其味甘鲜爽口。湖塘乡还有“章万润”酒坊很有名，坊主原是“叶万源”的开耙技工，以后设坊自酿，具有相当规模。

入清以后，东浦的“王宝和”创设于清初，城内的 “沈永和”创设于清康熙年间。清乾隆以后，东浦有“越明”、“贤良”、“诚实”、“汤元元”等，阮社乡有“章东明”、“高长兴”等。

这些都是比较有名的酒坊，资金雄厚，有宽大的作场，集中了当时的技术力量。又有称为“水客”的推销人员，还通过水路向苏南丹阳、无锡等产粮区大批收购糯米作为原料，以扩大生产。因而无论从生产规模、生产能力以及经营方法等方面，都是过去一家一户的家酿和零星小作坊所望尘莫及的。

尤其是清代饮食名著《调鼎集》，对绍兴酒的历史演变，品种和优良品质进行了较全面的阐述，在当时绍兴酒已风靡全国，在酒类中独树一帜。

绍兴酒之所以闻名于海内外，主要在于其优良的品质。清代袁枚

《随园食单》中赞美：

> 绍兴酒如清官廉吏，不掺一毫假，而其味方真又如名士耆英，长留人间，阅尽世故而其质愈厚。

《调鼎集》中把绍兴酒与清官廉吏相比，这说明绍兴酒的色香味格等方面已在酒类中独领风骚。

清初绍兴酒的行销范围已遍及全国各地。清康熙时期成书的《会稽县志》有“越酒行天下”之说。清乾隆年间著名诗人吴寿昌有《东浦酒》五律一首，盛赞东浦酒：

> 郡号黄封擅，流行遍域中，
> 地迁方不验，市倍榷逾充。

东浦酒流行于全国而且深得各地信任，可以不作验方而充实于市场，这些都非夸张之语。

绍兴酒名声大振，因而梁章钜在《浪迹续谈》中说：绍兴酒通行海内，可谓酒之正宗，“实无他酒足以相抗”。

绍兴黄酒的酿造技艺经历代发展，变得日益复杂，有浸米、蒸饭、摊饭、落缸、发酵、开

《调鼎集》 一般认为本书作者是扬州盐商童岳荐。清代中期的烹饪书，是厨师实践经验的荟萃之作。全10卷。从日常小菜腌制到宫廷满汉全席，应有尽有。收录素菜肴2000种、茶点果品1000类，烹调、制作、摆设方法，分条一一讲析明白。实为我国古代烹饪艺术集大成的巨著。

■绍兴黄酒

耙、灌坛、压榨、煎酒等工序，而每一道工序的完成都是一门科学。如在发酵环节中，酿酒师傅就要根据气温、米质、酒酿和麦曲性能等多种因素灵活掌握，及时调整，光是这门手艺没有几十年的经验是掌握不了的。

从酿造时间上说，绍兴黄酒也有着非常独特的传统。一般来说，每年的农历七月制酒药，九月制麦曲，十月制酒酿，大雪前后开始酿酒，到次年立春结束。长达80多天的发酵时间，也被认为是绍兴黄酒不同于其他黄酒的特色所在。

绍兴黄河酿造技艺中有三大法宝：一是“为酿酒而生”的鉴湖水，二是精白度高的糯米，三是酿酒师傅的经验。

鉴湖之水根本就是为酿酒所生，是我国难得一见的酿造酒用水，因此绍兴以外的酿坊，就算技术再高超，用料再精良，也无法如法酿出绍兴黄酒。

纵有好水，如果没有好原料，一样酿不出好酒。绍兴黄酒用的原料是精白过的糯米和优质的黄皮小麦，其中精白糯米是主要原料，黄皮小麦则是制作麦曲的主要原料。

前两者尚可肉眼所见，而酿酒师傅的经验和手艺却只能世代相传，但这也正是绍兴黄酒的核心竞争力所在。

阅读链接

黄酒为世界三大古酒之一，源于我国，且唯我国有之，可称独树一帜。黄酒产地较广，品种很多，但是能够代表我国黄酒总的特色的，首推绍兴酒。

绍兴酒在清末就已声誉远播中外，1910年在南京举办的南洋劝业会上，谦豫萃、沈永和酿制的绍兴酒获金奖。1915年在美国旧金山举行的美国巴拿马太平洋万国博览会上，绍兴云集信记酒坊的绍兴酒获金奖。

源远流长的李渡酿酒技艺

李家渡地处抚河中下游，紧靠抚河堤岸，终年清澈透明的地下水，清洌甘甜，是难得的制酒用水；赣抚粮仓，大米细腻圆润，晶莹剔透。抚河水，赣抚粮，取之不尽，用之不竭，是酿酒的上等佳品。

江西古镇李渡的酿酒历史源远流长，而江西人的饮酒历史也是非

古代酒坊

陶渊明醉酒图

常悠久的，晋宋之际的文学家陶渊明，晚年家中比较贫困，却主张“得酒莫苟辞”，许多诗中都写了酒，还专门写了《述酒》一篇。

南朝的齐东昏侯肖宝卷和宋少帝刘义符“于华林园为列肆，亲为沽卖”。

李渡是古代江南莘莘学子进京赶考的必经之地，其酒文化，源远流长，底蕴丰厚，自古以来就有“酒乡”之美称，文人墨客，商宦布衣，皆因李渡酒而“闻香下马，知味拢船”。李渡高粱酒酒色清透，芳香浓郁，味正醇甜，深受人们的喜爱。

李渡是江西的粮仓，粮食丰收，老百姓就要酿酒，以供嫁女娶亲，过年过节，接待客人，祭祖祭神之用。李渡《邹氏族谱》载有两首饮酒诗，也可证明酒业历史悠久：

扫罢荒郲重叹嗟，羽衣邀我献松花。
瓦瓶酒醯龙膏酒，鼎新烹雀万古静。
听晚林鸣玉籁载，瞻阴鋈起丹霞洞。
门前惆怅辞先垄，祸首红尘尽俗家。

祀余铁壁从兴嗟，观里停骖数落花。
春霭燕毛班序齿，风飘仙羽迭供茶。
浩歌瞒舞云洞鹤，微醉浓餮日暮霞。
宿鸟归林休重感，马蹄乘月却还家。

经历了清代的兴旺后，李渡白酒更是闻名全国。据县志载：到了清代中期，李渡有了以当地特产的优质糯米为原料酿制烧酒的习惯。到了清朝末年，李渡万茂酒坊广集民间酿酒技术，在糯米酒的基础上，引进了用大米为原料，用大曲为糖化发酵剂，用缸、砖结构老窖发酵制白酒的新工艺。

李渡高粱酒由此而发展起来，制酒作坊也随之增至7家。由于酒味醇浓纯净，清香扑鼻，名声大振，销路日广。全镇最高产量曾经达到20万千克，畅销赣、浙、鄂、皖等省。

李渡烧酒作坊遗址历史跨度近800年，是我国酒行业难得的“国宝”。遗址面积1600平方米，文化堆积11个层面分为南宋、元、明、清等几个时期，而主要为元、明、清遗迹与遗物，酿酒遗迹有水井、炉灶、晾堂、酒窖、蒸馏设施、墙基、水沟、路面、灰坑、砖柱等。

水井位于遗迹中心部位，始建于元代，后经增高，深4.25米，六边形红麻石井圈，口径0.66至0.72米，井台三合土筑。

炉灶始建于明代，红石与青砖砌，长径2.80米，短径1.42米，残高1.98米，烟道位于头端两侧；灶前操作坑呈“凹”字形，长2.70米，宽1.60米，深1.84米。

晾堂2处，明代晾堂50平方米，清代晾堂40平方米，卵石与三合土筑，表面不平，边界用红石砌。

酒窖22个，其中元代酒窖13个，直径约0.65至0.95米，深约0.56至0.72米；明代酒窖9个，有6个后世仍在使用，直径0.9至1.1米，深约1.52米。

蒸馏设施2处，圆桶形砖座，明代蒸馏设施经清代修补，直径0.80米，高0.62米，东南距灶0.85米。清代蒸馏设施直径0.42至0.54米，高0.38米。

遗址中有遗物350件，有陶瓷器、石器、铜器、铁器、竹木器等，以陶瓷器为主，陶瓷器又以酒具为多。

李渡烧酒作坊遗址的发现，再一次见证了江西悠久的酿酒历史，丰富了李渡酒文化内涵。北宋词人晏殊《浣溪沙》中说：

红蓼花香夹岸稠，绿波春水向东流，小船轻舫好追游。

渔父酒醒重拨棹，鸳鸯飞去却回头，一杯消尽两眉愁。

这正好与当年抚河两岸的情景相印照，折射出了李渡古镇与酒的渊源。

李渡烧酒作坊遗址年代之久，不仅在我国首屈一指，在世界上也是最早且延续时间最长的酒业文化载体。见证了人类的繁华，沧桑，醇香永流传。

李渡烧酒作坊遗址加上地面的街区、酒肆、商埠，共同形成完整反映我国古代酒业发达状况的遗产格局，这在世界上都是罕见的。

在以淀粉质为原料酿酒的各种方法中，特别是糖化、酒化同时进行和半固态发酵方法的运用以及这两项技术的巧妙结合，在酿酒工业发展中具有重要的意义和科学价值，是宝贵的文化遗产。

阅读链接

李渡烧酒作坊遗址，是我国年代最早、遗迹最全、遗物最多、时间跨度最长且富有鲜明地方特色的大型古代白酒作坊遗址，也是我国酒业的国宝，酒文化的重要代表。

李渡烧酒作坊的发现，为我国元代已生产蒸馏酒的论断提供了最具说服力的实物依据，证实了李时珍在《本草纲目》中关于李渡酒的记载：“烧酒非古法也，自元始创之。”

百花齐放的传统酿酒技艺

我国的酿酒历史源远流长，酿造技艺口传心授，已传承千余年。因原料和生产工艺有别，我国酒类形成了百花齐放的局面，比较有名的除前面所介绍的典型品牌之外，还有古蔺郎酒、沱牌曲酒、刘伶醉烧锅、北京二锅头、衡水老白干、山庄老酒、梨花春白酒、菊花白酒以及宝丰酒、金华酒等。

金华酒

“古蔺郎酒传统酿制技艺”的产生、传承及发展均立足于其窖池、作坊、储酒文化空间，分布于古蔺县二郎镇镇域范围内。

郎酒产地二郎镇地处川黔交界的四川盆地南缘，与贵州茅台镇一水之隔。二郎镇地域属较为封闭的低山河谷区，年均气温适宜，年降

■二郎古镇风光

雨量丰沛，无霜期长，为农作物生长及郎酒的酿造创造了良好自然环境。

二郎镇境内拥有国内典型的喀斯特地型，岩层特有的滤水性质使郎酒酿造所用水在岩层中缓慢浸润而净化以致甘洌清香、微带回甜，为酿制高档白酒的水源环境。这是形成郎酒独特口感的一个重要因素。

二郎镇区域范围内，四季分明，日照充足，热量丰富，气温差异大，加之这一带污染甚微，使得此地每年农历五月所产出的优质川南小麦，农历九月产出的优质高粱米，特别适于酿制郎酒。其次，当地农作物的生产也能与郎酒酿造中的“端午下曲”、“重阳下沙”等酿酒工序密切结合。

喀斯特 即岩溶，是水对可溶性岩石进行以溶蚀作用为主，流水的冲蚀、潜蚀和崩塌等为辅的地质作用，以及由这些作用所产生的现象的总称。我国是世界上对喀斯特地貌现象记述和研究最早的国家，早在晋代即有记载。

据《古蔺县志》记载，清乾隆初年，黔督张广泗两疏凿赤水河中上游险滩68处，川盐土布得以畅销黔北。随着二郎镇成为川黔边界的盐业重镇和交通枢纽，到此贩运川盐的盐夫商贾川流不息，刺激了二郎镇酿酒业的发展和酿酒技艺的提高。

清末，酒师张子兴在二郎镇酿制回沙郎酒，时名“惠川老槽房”，后来改名“仁寿酒房”，发展为3个窖池。仁寿酒房从“二郎镇”三字中取“郎”字，将二郎镇酿制的“回沙大曲”定名为“回沙郎酒”，简称“郎酒”，此即“郎酒”得名之由来。

陈子昂（659年—700年），唐代著名的文学家，初唐诗文革新人物之一。字伯玉，因曾任右拾遗，后世称为陈拾遗。光宅进士，历仕武则天朝麟台正字、右拾遗。其存诗共100多首，诗风骨峥嵘，寓意深远。

川中射洪是唐代文学家陈子昂故里，射洪所产沱牌曲酒，其前身为762年的“射洪春酒”，早在唐代便以“寒绿”之特色而名驰剑南，“诗圣”杜甫盛赞之“射洪春酒寒仍绿”。

明代时，沱牌曲酒名为“谢酒”，清代酿有“火酒、绍醪、惠泉”等酒品。1911年，柳树沱镇酿酒世家李吉安建“吉泰祥糟坊”，引龙澄山沱泉水为酿造用水，继酿酒工艺而发展成为大曲酒。

由于金泰祥大曲酒用料考究，工艺复杂，产量有限，每天皆有部分酒客慕名而来却因酒已售完抱憾而归，翌日再来还须重新排队。店主李氏见此心中不忍，遂制小木牌若干，上书“沱”字，并编上序号，发给当天排队但未能购到酒者，来日凭沱字号牌可优先沽酒。

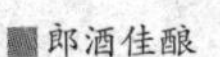
■郎酒佳酿

此举深受酒客欢迎。从此凭“沱”字号牌而优先买酒成为金泰祥一大特色，当地酒客乡民皆直呼金泰祥大曲酒为“沱牌曲酒”。人们传颂“沱牌曲酒，泉香酒洌”。

沱牌曲酒千年传统酿造技艺，历经传承与升华，生产出不可复制的陈香神曲，赋予沱牌曲酒天曲系列酒“香气幽雅，陈香粮香馨逸”的独特风格。

刘伶醉古烧锅遗址地处河北省徐水县县城，该遗址始建于金元，已有800多年历史，其中主要包括16个古发酵池、1口水井及部分酒用陶器，是我国最早的酿酒遗址。

传说，晋朝“竹林七贤”之一的刘伶，千里迢迢到了北方的遂城，即河北徐水县，访友张华。张华以当地佳酿款待，刘伶饮后大加赞赏。据《徐水县碑志》记载，刘伶当年常“借杯中之醇醪，浇胸之块垒”，并乘兴作诗。

传说刘伶饮酒后，完全沉醉于美酒之中，竟大醉三载，后卒于遂城，遗冢尚在。后人为刘伶修建了一座“酒德亭”，并于金元时期建造了“刘伶醉”烧锅酒，成为我国最早的蒸馏酒遗址。

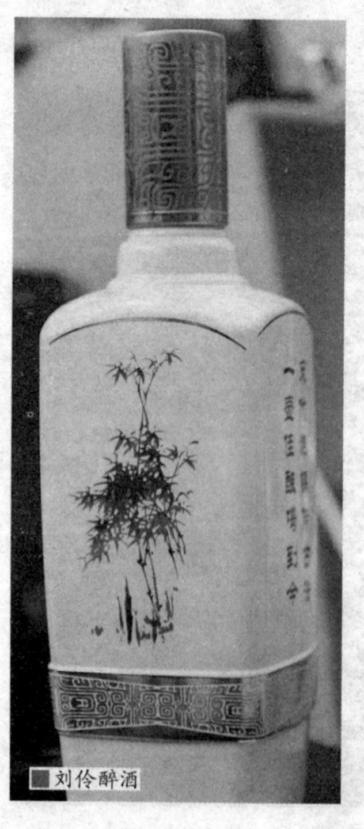
刘伶醉酒

刘伶醉古烧锅遗址中16个古发酵池四壁皆为泥质，由于一直没有间断使用，微生物菌群极为丰富，所产的白酒酒体浓厚，绵甜醇和，余香悠长。这种古窖池产酒的优质率可以达到90%，远远高于普通窖池。

刘伶醉烧锅之所以闻名，这与它的特殊制作工艺有关。它用本地产的优质高粱、大麦、小麦、大米、小米、糯米、豌豆7种粮食为原料，取太行山下古流瀑河畔的甘泉井水，采用传统的“老五甑”工艺酿造，又以刘伶墓所在地张华村的芳香泥土封窖，发酵陈酿而成。“刘伶醉”属浓香型，敞杯不饮，酒香扑鼻；多饮也不伤神。幽香浓郁，名不虚传。

北京酿制白酒历史悠久，金代将北京定为中都时，就传来了蒸酒器，开始酿制烧酒。

到了清代中期，京师烧酒作坊为了提高烧酒质量，进行了工艺改革。在蒸酒时用作冷却器的称为锡锅，也称天锅。蒸酒时，需将蒸馏而得的酒汽，经第一次放入锡锅内的凉水冷却而流出的“酒头”和经第三次换入锡锅里的凉水冷却而流出的“酒尾”提出做其他处理。

■衡水老白干

因为第一锅和第三锅冷却酒含有多种低沸点物质成分，所以只取经第二次锡锅里的凉水冷却而流出的酒，故起名为“二锅头”。

北京二锅头酒的酿造这一古老技艺自清康熙赵氏以来传承九代，历经300余年，凝聚着北京酿酒技师的聪明才智。其中的老五甑法发酵、混蒸混烧、看花接酒等工艺都是依靠人的眼观、鼻闻、口尝来完成，这也是历代酿酒技师的神秘绝技，而掐头、去尾、取中段的接酒方式更是北京酿酒技师的首创，也是我国白酒发展史的里程碑。

衡水老白干酒是河北衡水的特产之一，已有1800多年的历史。67.5度老白干酒，曾是酒精度最高的白酒之一，浓烈却香醇，不冲头，深具特色。

河北衡水地处北温带，地势低，水位浅，为丰富的微生物群及酒醅发酵提供了良好的气候条件。衡水老白干酿造用水为本地特有滏阳河道地下水。水质清澈透明，纯净甘甜，加上衡水特有的微生物群及水文气象条件，才给世人留下这千百年来的美酒。

衡水老白干酒以优质高粱为原料，纯小麦曲为糖化发酵剂，采用

古代烧酒壶

传统的老五甑工艺和两排清工艺，地缸发酵，精心酿制而成。

贮存陈酿是衡水老白干酒至关重要的一道生产工序。经过发酵蒸馏而得的新酒，在适宜的贮存条件下，新酒中造成辛辣刺激性的物质的缓慢挥发，使酒的刺激感减弱，酒质趋于稳定，并化成白酒主体香型的各种酯。因此，经过一定的贮存期后，衡水老白干酒香气更加纯正、浓郁，口味更加绵软、醇和。

勾兑调味是白酒生产中的“画龙点睛”之笔，也是衡水老白干酒一道关键的生产工序，它使酒的风味更加丰满协调、甘洌爽净，风格突出。

承德避暑山庄的“山庄老酒”系列酒，源于4200年前的仪狄造酒，得名于1703年康熙御封，拥有300多年的历史，依托承德避暑山庄悠久的历史文化和皇家文化，历经300年的皇家文化，300年历史积淀，从而赋予了山庄老酒与生俱来的尊贵品质，集皇家风范于一身。

山庄老酒采用“老五甑”传统酿造技艺和酱香型工艺生产，形成了“浓头酱尾”的独特香型。

相传1773年，清代乾隆皇帝与大学士纪晓岚微服私访至承德下板城庆元亨酒店，突闻酒香扑鼻，遂进酒店畅饮。君臣二人酒兴之余，诗兴大发。

乾隆皇帝先声夺人，命出上联“金木水火土”。纪晓岚才思敏捷、聪颖过人，巧对出下联“板城烧锅酒”。这一下联不仅把木、土、火、金、水以汉字偏旁分别嵌入“板城烧锅酒”中，并且分别相克于“金木水火土”，君臣佐使恰到好处。

此联一出，乾隆皇帝连声称赞：“好联！好酒！”并乘兴御笔亲书赐予小店。自此“板城烧锅酒”名扬四海。

“板城烧锅酒传统五甑酿造技艺”是板城烧锅酒的核心，其悉心传承300年前的精湛工艺，以红高粱为主要原料，以纯小麦大曲为糖化发酵剂，采用续糟续渣混蒸，坚持传统的老五甑工艺，每一道工序无一不遵循古老的手工酿造法，人工窖泥、双轮发酵，量质摘酒，分级储存，自然老熟，精心勾兑而成。具有酒体纯正、酒液清亮如晶、窖香浓郁、落喉爽净、回味悠长，饮后口不干、不上头的特点。

承德避暑山庄
1681年，清政府为加强对蒙古地方的管理，巩固北部边防，在蒙古草原建立了木兰围场。每年秋季，皇帝带领王公大臣、八旗军队乃至后宫妃嫔、皇族子孙等数万人前往木兰围场行围狩猎，在北京至木兰围场之间，相继修建了21座行宫，避暑山庄就是其中之一。

梨花春酒是山西应县的历史名酒，其悠久的历史形成了独特的传统酿造技艺。

梨花春白酒传统酿造技艺既是以汾酒酿造工艺为代表的清香型蒸馏酒的酿造技艺，又是以其他少数民族酿酒技艺中汲取的先进经验，承载了我国北方不同时期的习俗风尚，农耕文化，多民族文化融合的历史酿酒技艺，具有鲜明的地域之文化特征。

■板城烧锅酒雕塑

1056年，应县释迦木塔落成，辽萧太后驾幸开光盛典，州官呈献应州的陈酿老窖，萧太后饮后，只觉香沁五内，飘飘欲

■酿酒坊

仙，连连夸赞。此时，正值梨花盛开，雪白灿烂。萧太后睹景生情，遂赐名此酒“梨花春”。自此，“梨花春”成为辽朝的国酒。

此后千余年来，梨花春酒世代相传，久盛不衰。世人誉曰：“名驰塞外三千里，味占三晋第一春。”

明清时期，伴随着大量“走西口”往来商贾和众多朝觐圣塔信徒途径应州，当地酿酒作坊日益兴盛。

纪晓岚（1724年—1805年），纪昀，字晓岚，一字春帆，晚号石云，道号观弈道人，清代著名的文学家。历清雍正、乾隆、嘉庆三朝，是我国的大文豪之一，文采超过他的人屈指可数。官至礼部尚书、协办大学士，曾任《四库全书》总纂修官。

清乾隆年间《应州志》记载，应县有酿酒缸房11家，清光绪年间有酒户22家。清同治年间，应县有名的酒作坊就有：刘氏的万盛魁、张氏的聚和店、吴氏的德泰泉、何氏的福和永、康氏的福成永、郭氏的兴盛泉、赵氏的义德成等。其中南泉村张氏聚和店的酒不仅进京，而且进入宫廷。

应县老城区保存着万盛魁酒作坊的完整遗址及其实物。遗址仍保留有当时酿酒用的踩曲房仍存324口地瓮地瓮房、储酒房及敬酒神的牌位。此外还存有储酒、制酒用的器具。

梨花春白酒是以应州东上寨出产的“狼尾巴”高粱为原料，用标准筛筛去杂质和蓖粮，然后进行粉碎、配料、润料和拌料、蒸煮糊化、冷散、加曲、加水堆积，入池发酵、出池蒸酒8个工序。

发酵到21天的酒醅用竹篓抬出至甑锅边进行蒸馏，装甑时按照“稳、准、细、匀、薄、平”的原则进行操作，装甑蒸汽按照“两小一大”的原则进行操作，流酒时蒸汽按照“中酒流酒，大气追尾”的原则进行操作，接酒时依照酒花大小程度来判别酒头、原酒和酒尾。

看花接酒都是凭酿酒大师傅的经验来判别，酒头、原酒和酒尾都分级分缸储存，一般储存6个月以上酒体成熟。

菊花白酒是明、清两代宫廷之菊花酒。我国古时曾有“重阳节赏菊花饮菊花酒”的习俗，寻常百姓多以菊花浸泡酒中，存放一定时日，至重阳节取出饮用。

由于菊花酒有清洌芬芳、滋阴养阳之功效，更为宫廷帝王所推崇。经过历代能工巧匠的精心研制，在民间菊花酒的基础上，发展为宫廷御用菊花白酒。

菊花白酒

至清代中晚期，为皇宫提供的生活用品部分转让给民间承办，“仁和”即是为皇宫专事酿造“菊花白”的酒坊，该酒坊于1862年由3位出宫的太监出资创办，已传承145年。

菊花白酒酿制技艺工艺独特。以菊花为主，辅以人参、

菊花白酒

枸杞等，有养肝明目、疏风清热、补气健脾、滋补肝肾之效。以沉香之沉降后，诸药补益之力归于下元。

菊花白酒的酿制周期十分漫长，从原材料加工开始到灌装入库为止，要经历几十道加工工序，约8个月的时间。主要工序有预处理、蒸馏、勾兑、陈贮等，其中“固液结合、分段取酒”的蒸馏工艺具有显著特点。

工序中的关键点完全要由经验丰富的技师来掌控。“菊花白”酒酿制技艺是传统宫廷文化的典范，对于研究宫廷文化具有重要的史料价值，同时，对传承和弘扬民族传统文化起到积极的推动作用。

“菊花白酒”的酿制一直秉承着货真价实的经营理念，在社会诚信的建立方面起到积极的社会示范作用，倡导人们健康饮酒。其配方科学、严谨，酿制技艺对于传统的中医药养生研究具有很高的科学价值，是养生酒的代表性产品。

河南省宝丰西依伏牛，东瞰平原，沙河润其南，汝水藩其北，菽麦盈野，地涌甘泉，为中州灵秀之地。宝丰酿酒的历史，可以上溯到夏禹时期。据《吕氏春秋》载：仪狄始作酒醪，变五味，于汝海之南，应邑之野。古时汝河流经汝州的一段称之为汝海，汝海之南即汝河之南，宝丰即在此处。

在宝丰县城东南10千米处的古应国遗址，发现有大量珍贵的酒器酒具，佐证了宝丰酿酒业的悠久历史。

唐宋时期，宝丰酿酒业达到鼎盛。据《宝丰县志》记载：北宋时，仅宝丰县就有七酒务，宋神宗钦派大理学家程颢监酒宝丰，每年收酒税7万贯以上；金朝大正年间，曾经有一年收酒税4.5万贯，居全国各县之首。

宝丰酒制曲技艺严格，拌料、制曲、上霉、晾霉、潮火、大火、后火、验收、贮存科学规范。品评、勾兑、调味、降度、定型，程序把关严谨，确保了品位和质量。

宝丰酒的特征是以优质高粱为原料，大麦、小麦、豌豆混合制曲，采用“清蒸二次清”工艺，地缸发酵，陶坛贮陈。酒质具有清香纯正、甘润爽口、回味悠长的独特风味，是我国清香型白酒的典型代表之一。

酒坛雕塑

金华酒是浙江金华所酿造的优质黄酒的总称，以金华产的优质糯米为原料，以双曲复式发酵的独特技艺酿造而成。

金华酒的酿造技艺经历了3个发展阶段。春秋战国时期出现的“白醪酒”，改进了早期黄酒的曲蘖酿造技艺，采用糯米为原料，以白蓼曲为糖化发酵剂，并首创泼清、沉滤等工艺，提高了酒汁，延长了贮存期。

唐宋时期，金华酒的白曲酿造技艺日趋完备，其中的“瀫溪春”和“错认水”以酒色清纯，甘醇似饴，成为白曲黄酒的名品。唐代官府在此都设酿酝局，官酒坊之酒专供公务饮用，“金华府酒”之名，即始于此。

金华酒在实践中探索出白曲与红曲联合使用的优选技艺，使酿造的寿生酒兼具白曲酒之鲜、香和红曲酒之色、味，在元代被官府选定为黄酒酿造的“标准法” 并加以推广，极大地提高了我国黄酒的酿造工艺水平，从此各地黄酒发展趋快，金华酒业亦更为兴旺。。

明清时期，金华酒形成了包括寿生酒、三白酒、白字酒、桑落酒、顶陈酒、花曲酒、甘生酒等不同系列和诸多品牌。

金华府酒是一种以精白糯米做原料，兼用红曲、麦曲为糖化发酵剂，采用“喂饭法”分缸酿造而成的半干型黄酒，其色金黄鲜亮，味香醇厚，过口爽适，既有红曲酒之色、味，又有麦曲酒之鲜、醇，声誉不亚于绍兴加饭酒，同列为我国酒文化之萃。

阅读链接

酒是人类生活中的主要饮料之一。我国制酒源远流长，品种繁多，名酒荟萃，享誉中外。酒渗透于整个中华五千年的文明史中， 酒文化是中华民族饮食文化的一个重要组成部分。

自从酒出现之后，作为一种物质文化，酒的形态多种多样，其发展历程与经济发展史同步，通过跟踪研究和总结工作，对传统工艺进行改进，从作坊式操作到工业化生产，从肩挑背扛到半机械作业，从口授心传、灵活掌握到有文字资料传授。这些都使酒工业不断得到发展与创新，提高了生产技术水平和产品质量，后世应继承和发展这份宝贵民族特产，弘扬中华民族优秀酒文化，使我国酒业发扬光大。